Térence Essomba

Conception d'un système robotisé pour la télé-échographie

Térence Essomba

Conception d'un système robotisé pour la télé-échographie

Analyse numérique du geste clinique. Conception d'une interface haptique. Optimisation de l'architecture mécanique

Presses Académiques Francophones

Impressum / Mentions légales
Bibliografische Information der Deutschen Nationalbibliothek: Die Deutsche Nationalbibliothek verzeichnet diese Publikation in der Deutschen Nationalbibliografie; detaillierte bibliografische Daten sind im Internet über http://dnb.d-nb.de abrufbar.

Information bibliographique publiée par la Deutsche Nationalbibliothek: La Deutsche Nationalbibliothek inscrit cette publication à la Deutsche Nationalbibliografie; des données bibliographiques détaillées sont disponibles sur internet à l'adresse http://dnb.d-nb.de.

Coverbild / Photo de couverture: www.ingimage.com

Verlag / Editeur:
Presses Académiques Francophones
ist ein Imprint der / est une marque déposée de
OmniScriptum GmbH & Co. KG
Heinrich-Böcking-Str. 6-8, 66121 Saarbrücken, Deutschland / Allemagne
Email: info@presses-academiques.com

Herstellung: siehe letzte Seite /
Impression: voir la dernière page
ISBN: 978-3-8416-2849-7

Remerciements :

Le chemin vers le titre de docteur est rarement parcouru seul. Un certain nombre de personnes, de par leur accompagnement scientifique, technique ou humain, ont largement contribué à l'accomplissement de cette thèse de doctorat.

Pour commencer, je tiens à remercier spécialement Messieurs Lotfi ROMDHANE et Marc DAHAN pour avoir accepté de rapporter ce présent rapport de thèse ainsi que Messieurs Pierre VIEYRES et Med Amine LARIBI, membres du jury.

Durant ces trois années de thèse, j'ai eu le privilège d'évoluer au sein des deux équipes de chercheurs : IRAuS du laboratoire PRISME et RoBioSS de l'Institut PPRIME. J'ai pu compter sur les excellentes qualités d'encadrement de mes directeurs de thèse Gérard POISSON et Saïd ZEGHLOUL en bénéficiant de leurs expériences professionnelles.

Je remercie chaleureusement mes collègues pictaviens pour leur soutient technique et humain : Amine, Jean-Pierre, Philippe, Pascal, Abdelbadia, Thomas, Nael, Juan Antonio, André, Ameur et bien d'autres encore.

Mes sincères remerciements vont également à mes collègues berruyers : Pierre, Cyril, Laurence (les deux), Tao, Sylvain, Nicolas, dont j'ai pu apprécier le chaleureux accueil à chaque visite.

Je suis très reconnaissant aux chercheurs des laboratoires LIRMM et INRIA Rhône-Alpes, partenaires du projet ANR-PROSIT.

Je remercie également Laure Spina, Djamila Lagache et Estelle Ferdinand pour leur grande gentillesse et pour leur aide précieuse sur les questions administratives et logistiques.

J'adresse mes remerciements à l'ensemble de l'équipe du Professeur Philippe ARBEILLE pour leur accueil et leur entière collaboration lors de nos expérimentations au CHU de Tours ; sans oublier l'ensemble des patients volontaires.

Enfin, je tiens à remercier tout particulièrement ma mère, mes deux sœurs ainsi que le reste de ma famille pour leur soutien et leurs encouragements dans cette expérience.

Table des matières

3

4

Table des matières

5

« Avoir, dans les maladies, deux
choses en vue : être utile ou du moins
ne pas nuire ».

Hippocrate.

Introduction

En 1987, on entendi parler pour la première fois d'un robot médical. Neuromate, un robot de
neurochirurgie, permet alors de repousser les limites de la dextérité naturelle des chirurgiens ;
l'échelle de l'acte chirurgical devenant de plus en plus fine. Depuis lors, le recours croissant
aux systèmes robotisés dans le domaine de la médecine a largement contribué à la
modernisation des services de santé. En parallèle, l'apparition des systèmes télé-opérés,
fiabilisés par les progrès réalisés en télécommunication, ont permis d'améliorer la capacité de
prise en charge des patients en élargissant le rayon d'intervention des experts médicaux.

Parmi les différentes applications de la télémédecine, la télé-échographie permet à un médecin
de réaliser une échographie à distance sur un patient et ce, où qu'il se situe dans le monde.
Cette technologie, développée à l'origine vers la fin des années 1990 (pour sa version
robotisée), est aujourd'hui entièrement opérationnelle. Par extension, il est également possible
d'examiner un patient se trouvant dans un navire au large, dans un avion en vol ou même à
bord d'une station spatiale orbitale, la seule condition étant le déploiement au préalable des
équipements nécessaires sur les différents sites.

Le laboratoire de Vision & Robotique de l'Université d'Orléans (devenu aujourd'hui le
laboratoire PRISME) a mené des recherches sur la conception et la mise en œuvre de
plusieurs robots de télé-échographie et a acquis au fil des années un savoir-faire spécifique
reconnu. On citera pour exemples les systèmes SYRTECH, TERESA, OTELO et ESTELE.
Aujourd'hui, le laboratoire PRISME continue à proposer des systèmes innovants. Il
coordonne le projet ANR-PROSIT qui regroupe plusieurs partenaires et dont l'objectif est
d'aboutir à un système robotique proposant de nouvelles fonctionnalités. Celles-ci ont été
spécialement définies en vue de l'amélioration des conditions d'utilisation du système.

Au commencement du projet ANR-PROSIT, les robots de télé-échographie issus du
laboratoire PRISME présentaient tous une structure composée d'un bras sériel sphérique. Ils
pouvaient ainsi orienter une sonde d'échographie autour d'un point de contact situé sur la
peau du patient examiné. Ce type d'architecture souffre d'un défaut pouvant s'avérer
problématique : la présence d'une singularité au centre de son espace de travail, une zone très
fréquentée par le médecin durant l'examen. Ce qui entraîne une sévère réduction de leurs
performances cinématiques. Courreges, Al Bassit et Nouaille avaient proposé des méthodes
logicielles et mécaniques pour en atténuer ou en neutraliser les effets. Il a été prévu dans le
cadre du projet ANR en question, de proposer une nouvelle architecture pour un second
prototype. Celui-ci devra apporter une réponse aux différentes exigences des partenaires
médicaux.

La réalisation d'une tâche déportée est souvent confrontée à la problématique de l'immersion
générée par le système de commande. Cette problématique trouve la plupart du temps ses
réponses dans les caractéristiques des dispositifs haptiques. Leur rôle est de permettre à un
opérateur de réaliser une tâche à distance tout en ayant l'impression de la réaliser en vis-à-vis.
La mise en œuvre d'une interface haptique permettant le contrôle intuitif et transparent du

9

robot est également un thème important du projet. Les robots de télé-échographie du laboratoire PRISME sont tous télé-opérés à partir du système Flock of Bird (FoB) très coûteux. Ici, une approche différente est proposée en termes de détection de mouvement.

Les présents travaux de thèse ont été financés par l'Agence Nationale de Recherche (ANR) dans le cadre du projet PROSIT sur l'appel CONTINT 2008. Ce rapport illustre l'ensemble des travaux réalisés en contribution technique et scientifique à l'accomplissement des objectifs de ce projet. Il s'articule autour des trois thèmes principaux :

- La capture et l'analyse du geste clinique,
- La conception et la mise en œuvre d'une interface haptique,
- La conception et l'optimisation d'une architecture mécanique poly-articulée.

Avant cela, un premier chapitre présente un bref historique de la télémédecine qui, en autres applications, a conduit à l'apparition de la télé-échographie. Un état de l'art sur les différents systèmes de télé-échographie y est proposé. Cette liste, bien que non exhaustive, montrera que le laboratoire PRISME a une forte présence dans le domaine des robots de télé-échographie portables. Les dispositifs haptiques, qui demeurent récurrents pour le contrôle de tels systèmes, y sont également étudiés.

Le deuxième chapitre détaille les expérimentations menées sur le geste médical en milieu hospitalier et sur le robot ESTELE en laboratoire. L'utilisation du système de capture de mouvement Vicon Nexus a en effet permis une analyse précise des mouvements réalisés par l'expert médical lors de l'examen échographique d'un patient. Les capacités du robot ESTELE à reproduire les mouvements ordonnés par l'opérateur ont été étudiées à l'aide du même système. L'ensemble des conclusions tirées de ces deux analyses a contribué à la définition de points importants du cahier des charges des robots PROSIT-1 et PROSIT-2.

Le troisième chapitre traite des travaux réalisés dans le cadre de l'amélioration et de mise en œuvre d'une nouvelle interface haptique pour le système. La centrale inertielle de ce dispositif permet la détection et l'estimation de ses mouvements. Elle utilise pour ce faire des instruments peu couteux et dont les mesures ont été fiabilisées par la programmation et l'implémentation d'un filtre de Kalman. Cette technique d'estimation a été modifiée de la littérature pour répondre à nos besoins particuliers et évaluée grâce au système Vicon Nexus.

La conception et l'optimisation d'une architecture mécanique poly-articulée pour le manipulateur robotisé du système font l'objet du dernier chapitre de rapport de thèse. La rupture avec les structures traditionnelles des robots du laboratoire PRISME, suggérée par le projet, a conduit à l'utilisation d'une architecture parallèle sphérique. Ses caractéristiques cinématiques font d'elle un choix intéressant pour l'orientation d'une sonde d'échographie autour d'un point. L'espace de travail, la dextérité et la compacité qu'elle peut fournir ont été utilisés comme critères dans une démarche d'optimisation. Enfin, une analyse approfondie sur d'autres critères est réalisée sur une architecture parallèle sphérique dont les paramètres de conception sont bien définis.

CHAPITRE 1. La télé-échographie : une valeur ajoutée dans le domaine du diagnostic médical

Résumé :

Dans un premier temps, ce chapitre propose un bref historique sur l'origine et l'évolution de la télémédecine. Il constitue par la suite un recensement non exhaustif des systèmes de télé-échographie robotisée puis des dispositifs haptiques. Les dispositifs dits « esclaves » sont répertoriés ici suivant leurs caractéristiques fonctionnelles ; qu'ils soient manuels, robotisés fixes ou portables. Les interfaces haptiques, souvent utilisées pour des tâches télé-opérées sont classées, elles, en fonction de leur type de structure. Enfin, une description du projet ANR-PROSIT dans le cadre duquel se positionnent ces travaux de recherche est présentée. Les premières analyses nécessaires à ces travaux sont tirées de ce compte-rendu.

Introduction

La télé-échographie robotisée est le résultat de l'évolution et de la diversification des applications de la télémédecine. Les premiers systèmes manuels de télé-échographie (sans robot) ont fait leur apparition à l'origine à la fin des années 90. Ils permettent la pratique d'un examen échographique à distance via la transmission des images ultrasonores. La télé-échographie, apportant une réelle valeur ajoutée pour plusieurs applications dans le domaine de la santé, a été largement exploitée et a fait l'objet de nombreuses innovations. Beaucoup de systèmes sont alors développés, s'enrichissant de l'apport de la robotique, pour plusieurs types d'interventions ; allant du simple examen de routine au guidage du geste chirurgical. Un système de télé-échographie robotisée est composé de deux parties importantes : la partie « maître » qui assure le contrôle du système et la partie « esclave » (le robot) qui répond aux ordres de l'opérateur et manipule la sonde d'échographie.

Dans ce chapitre, un état de l'art non exhaustif est proposé sur les dispositifs dédiés à la télé-échographie robotisée. Ces systèmes semblent se différencier les uns des autres de par leurs architectures. Il existe plusieurs façons de les classifier : suivant le type d'interaction entre le robot et son opérateur [Troccaz 99] ou par leurs structures cinématiques [Al Bassit 05], [Nouaille 09]. Ici, il a été choisi de les distinguer en fonction de l'utilisation ou non d'un manipulateur robotisé, fixe ou mobile. Les interfaces haptiques ne sont pas exclusivement dédiées à la télé-échographie mais plutôt de façon générale à la tâche télé-opérée. A l'heure actuelle, elles semblent constituer la meilleure solution pour le contrôle à distance de manipulateurs. Certaines d'entre elles sont également présentées dans ce chapitre. Le type d'architecture qu'elles utilisent a permis de les classifier. Pour finir, l'environnement scientifique et collaboratif dans lequel rentrent ces travaux de thèse est présenté.

1.1. La télémédecine

De façon générale, la télémédecine est une application médicale permettant de mettre en relation un médecin et son patient par le biais de techniques d'information et de communication.

1.1.1. Définition et principe

Le Conseil National de l'Ordre des Médecins a retenu pour le terme télémédecine la définition suivante : « La télémédecine est une des formes de coopération dans l'exercice médical, mettant en rapport à distance, grâce aux technologies de l'information et de communication, un patient (et/ou les données médicales nécessaires) et un ou plusieurs médecins et professionnels de santé, à des fins médicales de diagnostic, de décision, de prise en charge et de traitement dans le respect des règles de la déontologie médicale » [CNOM, www]. Il s'agit en effet, d'une des applications des nouvelles technologies d'informations qui visent à améliorer l'accessibilité aux soins médicaux. La nature de ces soins peut aller du simple transfert de données à une action directe du médecin sur le patient distant.

1.1.2. Histoire de la télémédecine

Au début du 20e siècle, le développement des systèmes de télécommunication est en plein essor. En 1920, la première licence pour radio de service médical aux bateaux est publiée.

Plusieurs pays maritimes accélèrent alors l'introduction de matériel radio dans les navires et développent leurs réseaux de stations radio côtières. C'est en 1935, en Italie, qu'est réalisée la première expérience de radio d'assistance médicale.

A la fin des années 1970, le développement de la liaison satellite a permis à la télémédecine de se moderniser et a contribué au lancement de programmes de recherche. L'objectif était de proposer des solutions en matière de délivrance de soins médicaux dans des zones inaccessibles. Des institutions directement confrontées à cette problématique sont particulièrement intéressées par ces solutions, comme la NASA, la marine américaine, des stations d'études, des stations pétrolières maritimes…

Plus tard, un service de télémédecine est ouvert en 1989 entre les hôpitaux français Rangueil à Toulouse et Combarel à Rodez. Cette coopération offre aux patients une prise en charge à distance par les différents services médicaux spécialisés.

En 1994, la télémédecine prend un caractère « actif ». En effet, un scanner à rayon X est contrôlé depuis l'hôpital Hôtel-Dieu de Montréal au Canada pour examiner un patient se trouvant à l'hôpital Cochin (Paris) en France. Enfin, la toute première opération de téléchirurgie est réalisée le 7 septembre 2001 par le Pr. Jacques Morescaux. De New York, il effectue une ablation de la vésicule biliaire sur une patiente hospitaliée à Strasbourg à l'aide du robot ZEUS [IEEESpec, www].

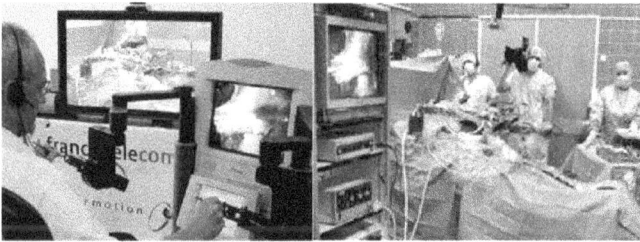

Figure 1.1. Commande du Système ZEUS (gauche) et manipulateurs robotisés (droite) [IEEESpec, www].

1.1.3. Les différentes applications

Aujourd'hui, il existe plusieurs applications différentes de la télémédecine. Le décret d'application de la loi HPST (Hôpital, Patients, Santé, Territoires) du 21 juillet 2009 donne une définition bien précise à chacune de ses applications.

1.1.3.1. La téléconsultation

Il s'agit d'une consultation réalisée à distance par un médecin. Le patient qui bénéficie de ce soin peut être éventuellement assisté par un professionnel de santé.

1.1.3.2. La télé-expertise

Un médecin peut être amené à solliciter l'avis d'un autre expert à distance en raison de ses compétences dans un domaine médical lié à la prise en charge du patient.

1.1.3.3. La télésurveillance

La télésurveillance permet à un médecin de surveiller à distance l'état clinique d'un patient. Les informations enregistrées et transmises au médecin lui permettent d'interpréter l'état du patient. Il peut alors décider de l'en informer par des moyens de communication ou d'intervenir en sollicitant les services appropriés.

1.1.3.4. La téléchirurgie

L'utilisation de systèmes robotisés télé-opérés permet à un médecin de réaliser une opération chirurgicale sur un patient distant. L'application la plus répandue est la chirurgie mini-invasive car ses avantages la rendent de plus en plus utilisée. Aujourd'hui, cette technologie permet même d'améliorer la qualité des interventions des chirurgiens en augmentant la précision du geste et en corrigeant d'éventuels tremblements. Da Vinci est le robot le plus répandu d'entre eux et est considéré, à ce jour, comme étant le plus performant.

Figure 1.2. Système Da Vinci en opération [Intuitive, www].

1.1.3.5. La télé-échographie

La télé-échographie robotisée permet à un médecin de réaliser une échographie à distance sur un patient. L'échographie classique étant déjà une intervention de plus en plus pratiquée, la télé-échographie robotisée constitue ainsi une réelle valeur ajoutée dans le domaine du diagnostic médical à distance.

1.2. De l'examen échographique classique…

L'utilisation des ondes ultrasonores n'était pas dédiée à l'origine aux applications médicales. Les ultrasons permettaient en effet de détecter les sous-marins lors de la Première Guerre mondiale. C'est en 1951 qu'un médecin John J. Wild et un électronicien John M. Reid présentèrent le tout premier échographe : un système d'imagerie médicale alors destiné à la recherche des tumeurs cérébrales.

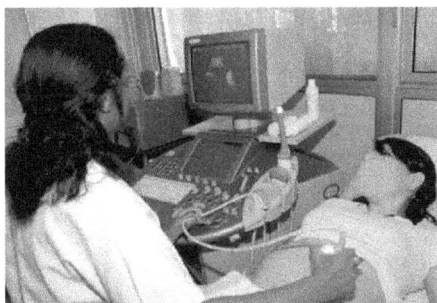

Figure 1.3. Expert médical réalisant une échographie sur un patient (image CHU de Rouen).

L'échographie permet aujourd'hui à un médecin d'explorer les organes internes d'un patient à l'aide d'une sonde d'échographie. Comme son nom l'indique, cette sonde émet des ondes sonores réfléchies par la structure interne du patient (les échos). Une image échographique est alors générée par l'interaction entre la sonde d'échographie et le corps du patient suivant un plan ultrasonore. L'image ainsi obtenue est un niveau de gris qui représente la différence d'échogénéïté des tissus intersectés. Cette échogénéïté permet à un observateur entraîné de distinguer les os, les tissus mous, les liquides...

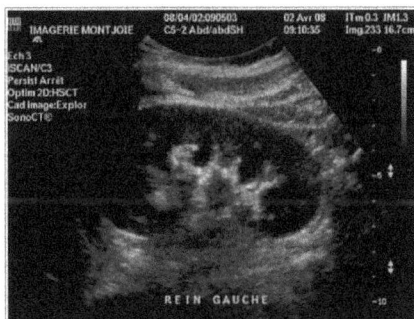

Figure 1.4. Image échographique : coupe du rein gauche d'un patient [RIM, www].

Contrairement aux idées reçues, l'échographie ne se limite pas uniquement à l'examen et au suivi du fœtus chez la femme enceinte. Cette technique est couramment utilisée dans le domaine médical pour tout examen abdominal car elle présente de nombreux avantages :

- Cette technique est non-invasive et indolore et ne nécessite donc pas d'anesthésie.
- Les ultrasons sur lesquels repose cette technique ne présentent aucun effet secondaire ou contre-indication.
- L'intervention est très rapide et peu onéreuse. Elle ne nécessite qu'une dizaine de minutes et le patient peut obtenir un diagnostic immédiatement.
- Le matériel utilisé est relativement facile à transporter. Il peut être rapidement déplacé d'une salle à l'autre tandis que les échographes les plus compacts peuvent être transportés à la main en dehors des installations cliniques.

Dans beaucoup de cas, ses avantages font d'elles la meilleure option en matière de diagnostic. Elle s'avère également très utile pour guider les chirurgiens lors d'une opération ou encore pour évaluer l'état de gravité d'un patient afin de l'orienter rapidement vers les unités de soins appropriées.

Les experts échographistes doivent avoir d'excellentes connaissances spécifiques de l'anatomie humaine. En effet, les images échographiques sont très difficiles, voire impossibles à interpréter pour un observateur quelconque (voir Figure 1.4). De ce fait, l'analyse et l'interprétation de l'image échographique requièrent un apprentissage très long. Ce type d'examen nécessite donc l'intervention d'un expert qualifié ayant d'excellentes connaissances en anatomie humaine et en détection de pathologies et de traumatismes ; on parle d' « expert-dépendance ».

1.3. ...à la télé-échographie robotisée

Le recours croissant à ce type d'examen a mis en évidence un fort potentiel de développement en matière de santé par l'élargissement de la couverture médicale des experts en échographie. Mais bien que facile à mettre à œuvre, l'échographie se heurte à certaines limites d'intervention : indisponibilité du personnel qualifié, incapacité de déplacement du patient, inaccessibilité géographique...

1.3.1. Principe

La télé-échographie permet de s'affranchir des limitations évoquées ci-dessus. Elle permet à un expert médical de réaliser une échographie à distance sur un patient. On parle alors de site « maître » ou « expert » et de site « esclave » ou « patient » communiquant via un réseau. On distingue deux types de pratiques pour la télé-échographie ; elle peut être manuelle ou robotisée. Les deux aspects seront abordés ici mais la télé-échographie robotisée sera cependant retenue pour l'illustration de cette technologie.

Le site « expert » est situé en milieu clinique d'où opère un expert médical. Celui-ci pilote via un système de commande le robot présent sur site « patient » et qui manipule la sonde d'échographie. Il reçoit en temps réel les images ultrasonores du patient sur son écran de contrôle. Toutes les informations reçues au poste maître (images, retour d'efforts...) sont intégrées dans une interface homme-machine dont l'objectif est de faciliter l'utilisation du système.

Le site « patient » qui accueille le patient peut se trouver n'importe où dans le monde. Il est constitué d'un échographe, d'un module de commande et communication et bien sûr du manipulateur qui supporte la sonde ultrasonore. Il requiert également la présence d'un assistant médical qui manipule et positionne le robot porte sonde en le maintenant en contact avec le patient.

Un réseau de communication terrestre ou satellitaire permet la transmission des données entre les deux sites (images ultrasonores, contrôle du robot, informations haptiques, images vidéo, son...).

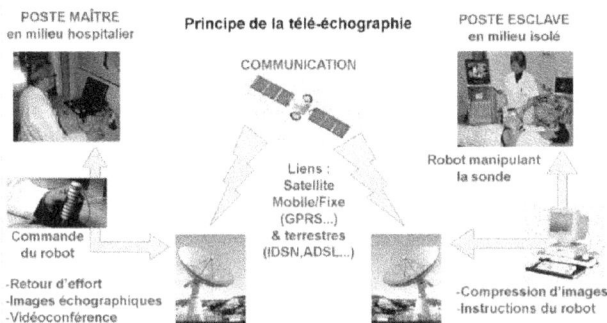

Figure 1.5. Illustration fonctionnelle de la télé-échographie robotisée.

1.3.2. Etat de l'art des systèmes de télé-échographie

Un système de télé-échographie permet à un médecin de réaliser le diagnostic d'un patient à distance. Les premiers systèmes de ce type apparurent à la fin des années 1990. Il s'agissait alors de systèmes non robotisés composés d'un simple échographe et d'un système de traitement et de transmission des images échographiques. Un assistant manipulait la sonde d'échographie sur le patient et les images étaient transmises au site expert pour être analysées par l'expert médical. D'autres dispositifs permettaient également d'échographier une région entière du patient qui était reconstruite en trois dimensions puis envoyée à l'expert médical. Celui-ci pouvait ensuite explorer cette région reconstituée en simulant un examen échographique classique.

Depuis lors, plusieurs systèmes de télé-échographie ont été réalisés. Il est possible de les regrouper en trois catégories distinctes. Les systèmes manuels dont le principe est décrit ci-dessus, les systèmes robotisés qui reposent sur l'utilisation d'un manipulateur robotique pour manipuler la sonde d'échographie et les systèmes portables dont le manipulateur est maintenu par un assistant et peut être facilement transporté. Les trois paragraphes suivants recensent la plupart d'entre eux.

1.3.2.1. Les systèmes manuels

Les tout premiers systèmes de télé-échographie reposaient uniquement sur la transmission d'images. Celles-ci étaient acquises par un assistant médical et transmises via un système de télécommunication à un site expert. Les images étaient alors visualisées en direct par l'expert médical. Les deux sites étaient également reliés par visioconférence. Les systèmes japonais Tele-Echo System [Umeda 00] et américain [Martin 03] étaient basés sur ce principe. Cependant, l'expert n'avait aucun contrôle sur les mouvements de la sonde échographique distante et n'avait pas non plus la connaissance de son orientation. Ceci rendait l'interprétation des images bien plus difficile.

Le système TeleInVivo [Kontaxakis 00] a été développé dans le cadre d'un projet européen. Il s'agit d'un système de télé-échographie non robotisé qui se présente sous la forme d'une mallette contenant un ordinateur portable et un échographe (Figure 1.6). Un assistant médical équipé de ce dispositif scanne une région entière du patient. Les images échographiques sont transmises à un expert médical distant grâce à une liaison satellitaire. La sonde d'échographie est instrumentée par un système Flock of Bird (FoB) qui enregistre sa position et son orientation durant l'examen. A chaque image échographique envoyée correspond une position et une orientation ; ce qui permet une reconstruction en 3D qui est assurée par le poste expert. L'expert médical peut alors explorer « l'intérieur » du patient qui est ainsi reconstitué.

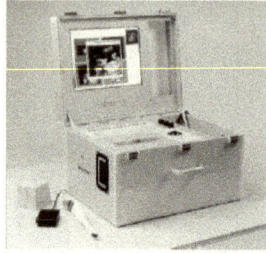

Figure 1.6. TeleInVivo [Kontaxakis 00].

Les systèmes manuels sont les premiers à être apparus. Les innovations apportées à ce concept se concentraient surtout dans la communication et le traitement d'images. La télé-échographie était ainsi validée sur le principe. Cependant, l'expert-dépendance de ce concept l'a fait rapidement tomber en désuétude. Le geste réalisé par le médecin en échographie est un geste dit « expert » qui nécessite un entraînement particulièrement long. Guider le geste d'un non-expert distant par la voix en fonction d'une image reçue en temps réel s'avère donc peu pratique. Le système TeleInVivo a apporté une grande contribution en proposant de contrer cet inconvénient grâce à un système de reconstruction d'image 3D, mais rien ne garantissait que la zone balayée par l'assistant contienne un élément d'intérêt pour le médecin.

1.3.2.2. Les systèmes avec manipulateur fixe

Un meilleur moyen de remédier au problème lié à l'expert-dépendance est de donner à l'expert un contrôle direct sur le mouvement de la sonde échographique distante. La solution robotique s'est naturellement imposée. Plusieurs systèmes reposant sur l'utilisation de manipulateurs robotisés ont été développés. Les premiers d'entre eux utilisaient alors des robots anthropomorphes qui de par leur nature, s'avéraient encombrants. Plus tard, l'accent s'est porté sur les aspects de synthèse de mécanismes et d'optimisation de performances cinématiques. Des manipulateurs dont la cinématique était spécialement étudiée pour cette tâche ont alors été conçus. Leurs architectures sont très différentes les unes des autres.

Le premier robot de télé-échographie à manipulateur fixe fut réalisé dans le cadre d'un projet européen. Le robot MIDSTEP (Multimedia Interactive DemonStrator TelePresence) (Figure 1.7) a été conçu pour valider le concept de l'échographie à distance. Il s'agit d'un robot sériel de type anthropomorphe manipulant une sonde d'échographie. Les deux démonstrateurs réalisés permettent d'assister le geste chirurgical pour deux types d'interventions différentes : la biopsie et la laparoscopie. L'assistance, via ce système, pouvait s'effectuer en local (dans une pièce voisine) ou à distance (dans un autre hôpital). MIDSTEP est actuellement commercialisé par la société britannique Armstrong Healthcare.

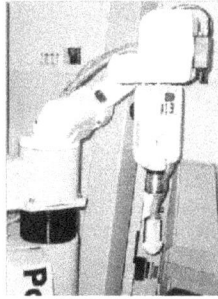

Figure 1.7. Robot MIDSTEP.

Salcudean a proposé un système de télé-échographie avec un manipulateur à structure pantographique manipulant une sonde échographique avec des mouvements de poignet sphérique [Salcudean 99]. Ce manipulateur est monté sur un support actionné permettant des déplacements linéaires (Figure 1.8). Ce robot à 6 degrés de liberté (DDL) est contrôlé par un dispositif haptique conçu pour fournir à l'opérateur un retour d'effort.

Figure 1.8. Manipulateur pantographique de Salcudean.

RUDS est un robot de télé-échographie japonais conçu par Mitsuishi pour l'examen de l'épaule [Mitsuishi 01]. Ce dispositif esclave à 7 DDL de taille imposante permet de manipuler une sonde échographique à l'aide un porteur cartésien 3P qui déplace un poignet sphérique 3RP. Il a notamment permis d'étudier des lois de contrôle en impédance.

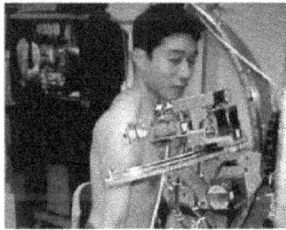

Figure 1.9. Robot RUDS [Mitsuishi 01].

Le projet TER (Télé-Echographie Robotisée) a abouti à la réalisation d'un robot dédié à l'examen obstétrical [Gonzales 03]. Il est composé de deux structures indépendantes : l'une constituée de quatre muscles artificiels pneumatiques pour le déplacement dans le plan de la sonde d'échographie, et l'autre usant de la même technologie pour son orientation. Le second prototype de ce projet a une cinématique identique à son prédécesseur mais ses actionneurs destinés à l'orientation de la sonde d'échographie sont des moteurs électriques. Les deux modèles sont contrôlés par un dispositif haptique PHANTOM.

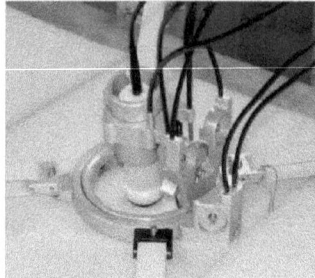

Figure 1.10. Robot TER [Gonzales 03].

Pour étudier les flux sanguins au niveau de la carotide, l'Université de Waseda-Tokyo a mis au point le système robotisé WTA-2R [Nakadate 11]. Le manipulateur de ce système est une structure hybride composée d'un positionneur sériel de type pantographe à 6 DDL et d'un manipulateur parallèle 6 DDL. La partie sérielle est utilisée pour placer la sonde d'échographie dans la région carotidienne du patient. Le manipulateur parallèle peut ensuite orienter et positionner plus finement cette même sonde. Le dispositif haptique qui accompagne le système a également été conçu par la même équipe.

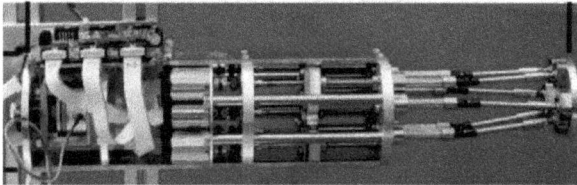

Figure 1.11. Partie parallèle du manipulateur WTA-2R [Nakadate 11].

Un autre robot basé sur une architecture hybride a été conçu par Najafi à l'Université de Monitoba [Najafi 04]. Une structure parallèle est composée de deux bras permettant l'orientation de la sonde d'échographie tandis qu'un troisième est dédié à la rotation propre. Plus tard, Najafi propose une autre architecture hybride sur le même principe structurel [Najafi 07]. Cette fois, une structure pantographe double est utilisée pour l'orientation. La rotation propre et la translation sont assurées par des systèmes de transmission par câbles.

Figure 1.12. Second robot de télé-échographie de Najafi [Najafi 07].

1.3.2.3.   Les systèmes avec manipulateur portable

La télé-échographie permet à un médecin de réaliser une échographie sur un patient distant. Encore fallait-il que ce dernier puisse se rendre dans un centre hospitalier équipé pour se genre d'intervention. Si le patient se trouve dans l'incapacité de se déplacer, il faut pouvoir amener le soin vers le patient. Le laboratoire PRISME de l'Université d'Orléans a largement développé un concept quelque peu dérivé en proposant plusieurs systèmes de télé-échographie robotisés portables. Là encore, un soin particulier a été porté sur les performances cinématiques. Mais la mobilité requise pour ce type de dispositif a imposé d'autres contraintes au niveau de leur conception comme la masse ou l'encombrement. Ces nouveaux critères étant devenus prioritaires, ces architectures sont plus souvent issues de compromis.

Le tout premier système robotisé et transportable de télé-échographie fut créé par le Laboratoire PRISME (appelé LVR à l'époque). SYRTECH (SYstème Robotisé de Télé-ECHographie) (voir Figure 1.13) a permis pour la première fois à l'expert médical d'avoir la main sur le geste échographique. Dédié à l'examen cardio-vasculaire, SYRTECH est un système de type maître-esclave. Il est en effet composé d'un dispositif FoB qui permet de piloter à distance un robot esclave. Le manipulateur qui maintient et déplace la sonde au contact du patient est supporté par un assistant médical. Son architecture mécanique 3R à axes concourants lui permet de manipuler la sonde suivant une cinématique de type poignet sphérique dont le centre de rotation est le point de contact entre la sonde échographie et la peau du patient.

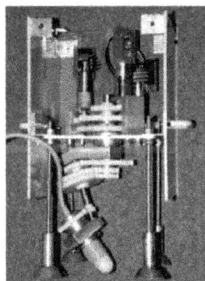

Figure 1.13. Robot SYRTECH.

Le principal objectif de ce projet était de valider le concept de la télé-échographie à très longue distance. Il a été utilisé avec succès lors d'une expédition au Népal, 1998. Un expert médical situé à Bourges avait alors pu examiner un patient situé à Katmandou.

Suite au succès de SYRTECH, l'Agence Spatiale Européenne a financé le projet TERESA (Tele-Echography Robot of ESA) avec pour objectif d'équiper les futures stations spatiales orbitales de systèmes de télé-échographie. Un médecin au sol pourra ainsi ausculter un spationaute à bord. Il s'agit d'un système composé d'une commande FoB et d'un manipulateur à 4 DDL. En plus du poignet sphérique, une translation dans l'axe principal de la sonde d'échographie permet au médecin d'exercer un effort sur le patient afin d'ajuster la netteté de l'image échographique.

Figure 1.14. Robot TERESA [Courrèges 03].

Un autre projet européen a contribué à augmenter la mobilité conférée par TERESA. Les robots OTELO-1, OTELO-2 et OTELO-3 (mObile Tele-Echography using an ultra Light rObot) sont issus de ce projet. Les structures mécaniques de ces robots ont été développées au laboratoire PRISME [Courrèges 03] et [Al Bassit 05].

OTELO-1 a une architecture mécanique proche de celle de TERESA. Bénéficiant du retour d'expérience de ce dernier, il dispose en plus de deux liaisons prismatiques en amont du poignet sphérique ; ce qui permet à l'opérateur de déplacer la sonde latéralement sur le ventre du patient. Cette structure PPRRRP génère cependant deux singularités : une au centre de son espace de travail engendrée par la coaxialité des axes 3 et 5 et une autre en frontière avec les mêmes axes. Ce système a servi de plateforme de test pour le logiciel de contrôle.

Le prototype OTELO-2 présente une architecture quasi-identique à celle de son prédécesseur. A la différence que la dernière rotoïde du poignet sphérique et la dernière prismatique présentent une inclinaison afin de parer au problème de singularité.

La version OTELO-3 n'a pas été fabriquée. Mais une étude basée sur l'analyse du geste médical a conditionné la modélisation de son architecture à 5 DDL. Le poignet sphérique de cette nouvelle structure PRRRP ne se déplace plus dans un plan mais dans une seule direction. Une inclinaison est présente entre la normale à la peau du patient et l'axe de la première rotoïde de poignet sphérique.

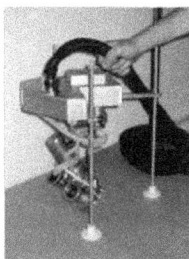

Figure 1.15. OTELO 1 [Al Bassit 05].

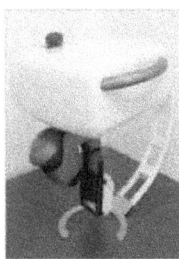

Figure 1.16. OTELO 2 [Al Bassit 05].

Le système le plus abouti commercialement a été fabriqué par la société Robosoft en 2006 et se nomme ESTELE (Figure 1.17). Ce robot est constitué d'une commande de type FoB et d'un manipulateur esclave 3RP basé sur un poignet sphérique et une translation dans l'axe de la sonde d'échographe qu'il manipule. La légèreté de ce dispositif le rend facilement transportable et manipulable par l'assistant médical. L'ensemble du système a été validé lors d'essais entre l'hôpital militaire Saint-Anne de Toulon (poste maître) et un navire au large de l'île de Chypre (poste esclave) durant le projet MARTE III. Plusieurs unités sont actuellement en service dans des hôpitaux en France.

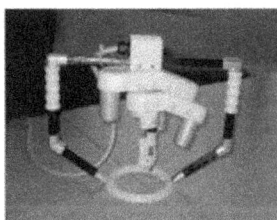

Figure 1.17. Robot ESTELE [Nouaille 09].

Une démarche de conception pour la robotique médicale a permis de dimensionner un manipulateur sériel sphérique [Nouaille 09]. Le problème de singularité centrale présente sur les précédents modèles est géré mécaniquement sur ESTELE 2 (Figure 1.18). La dextérité globale ainsi que la compacité ont également été améliorées. Son concept a été repris dans le cadre d'un projet de recherche de télé-échographie.

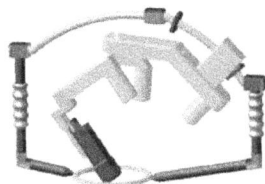

Figure 1.18. CAO d'ESTELE 2 [Nouaille 09].

Qu'ils soient fixes ou transportables, la grande diversité de ces robots en termes de structure peut paraître surprenante ; même pour les dispositifs censés explorer des zones du patient différentes. La nature d'une structure a pourtant une influence directe et significative sur les performances cinématiques et géométriques : les robots parallèles sont plus précis, les robots

23

sériels ont un meilleur espace de travail… Il semble que l'optimisation de ces critères ne soit pas le seul élément de réponse du choix d'une structure et que d'autres types de contraintes soient attendus pour un robot médical.

1.4. Les systèmes d'interface haptique

Les interfaces haptiques sont très utiles pour le contrôle de dispositifs télé-opérés et quasi indispensables pour les dispositifs médicaux. En effet, les experts médicaux en intervention réalisent leurs gestes en fonction de ce qu'ils voient mais aussi en très grande partie en fonction de ce qu'ils ressentent (toucher). Le fait de leur retirer ces sensations peut s'avérer dangereux pour le patient. Les interfaces haptiques permettent à l'opérateur de ressentir l'effet des interactions entre ce qu'il contrôle et son environnement (entre un robot et un patient). Les plus connues d'entre elles sont répertoriées ici et regroupées en fonction de leur type de structure.

1.4.1. Les interfaces haptiques à structure sérielle

Les structures sérielles ont de grands espaces de travail et permettent à l'opérateur d'appliquer des efforts importants.

La gamme d'interfaces haptiques PHANTOM (Figure 1.19) est commercialisée par la société Sensable Technologie depuis 1993 et existe en cinq modèles. Son bras sériel à architecture pantographique permet à l'opérateur d'actionner 6 DDL. Son système de retour d'effort permet de mesurer trois forces et trois couples sur un poignet.

Figure 1.19. Interface PHANTOM Premium 1.5 [Sensable, www].

Une autre interface haptique sérielle du nom de Virtuose a été conçue par le CEA List et commercialisée par Haption. Elle existe en deux versions : 3D et 6D, suivant le nombre de directions dans lesquelles les efforts sont mesurés.

Figure 1.20. Interface Virtuose [Haption, www].

1.4.2. Les interfaces haptiques à structure parallèle

Les interfaces à structure parallèle ont un espace de travail plus réduit mais offrent une rigidité et une transparence plus élevée que les structures sérielles.

L'interface haptique de Birglen nommée SHaDe (Spherical Haptic Device) a été conçue au sein de l'Université de Laval (Figure 1.21) [Birglen 02]. Ce système de commande dispose d'une architecture parallèle sphérique capable de guider une poignée en orientation. La motorisation des trois chaînes qui la composent assure le retour d'effort. Un soin particulier a été apporté à son optimisation cinématique.

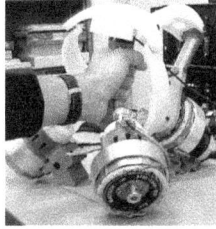

Figure 1.21. Interface SHaDe [Birglen 02].

L'interface à 6 DDL de Tsumaki de l'Université de Tohoku est basée sur une structure Delta [Tsumaki 98]. Elle est constituée de deux mécanismes parallèles découplés. L'un permet son déplacement suivant les trois directions de l'espace 3D et l'autre son orientation. Une série d'actionneurs et de capteurs d'efforts assurent le contrôle et le retour d'efforts.

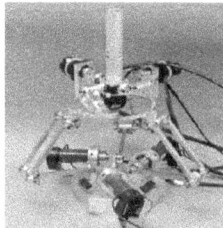

Figure 1.22. Interface de Tsumaki [Tsumaki 98].

Pour contrôler ses robots de télé-échographie, Najafi a développé une interface haptique à 4 DDL [Najafi 08]. Il s'agit d'une architecture pantographique double dont les degrés de liberté sont découplés. Un système de retour est implémenté via des actionneurs.

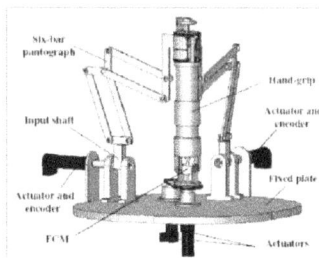

Figure 1.23. Interface de Najafi [Najafi 08].

25

1.4.3. Les interfaces à structure libre

Mourioux a proposé, pour le contrôle des robots OTELO, une interface haptique dont la structure est libre [Mourioux 05] ; c'est-à-dire qu'elle n'est mécaniquement liée à aucun support. Cette particularité permet à l'opérateur de la manipuler avec une plus grande immersion. Les mouvements du dispositif sont détectés par un système FoB. La mesure de l'effort se fait dans une seule direction ; ce qui est suffisant pour les applications de télé-échographie. Le système de retour d'effort est assuré par un actionneur relié à un système de cabestan.

Figure 1.24. Interface pour les OTELO.

Charon a travaillé sur les lois de commande de la chaîne de télé-opération d'une interface haptique, à structure libre elle aussi [Charon 11]. La détection de mouvement s'effectue via une centrale inertielle XSens qui permet de mesurer les orientations de l'objet.

Figure 1.25. Interface Protech [Charon 11].

Les tâches télé-opérées ont largement recours aux interfaces haptiques. Elles permettent aux opérateurs de réaliser de nombreux types de tâches déportées. Elles peuvent être très différentes les unes des autres de par leurs structures, leurs systèmes de détection de mouvement... La grande valeur ajoutée d'un tel dispositif vient du fait qu'il offre à son utilisateur un pouvoir d'immersion qui lui permet de réaliser des tâches télé-opérées tout en ayant l'impression d'effectuer cette tâche en vis-à-vis. La transparence et la précision semblent constituer les critères prioritaires dans la conception de tels dispositifs.

1.5. Environnement scientifique du sujet de thèse

Les travaux de recherches présentés dans ce mémoire rentrent dans un cadre bien particulier. Il s'agit d'apporter une contribution technique et scientifique à un projet de recherche à l'échelle nationale. Ce projet évolue autour de plusieurs projets.

1.5.1. PROSIT : un projet innovant pour de nouvelles fonctionnalités

Dans la pratique, cette technologie est aujourd'hui pleinement opérationnelle mais avec peu de fonctionnalités (outils d'aide à la télé-échographie). De plus, les infrastructures assurant un service complet de télé-échographie sont encore quasi-inexistantes. En effet, aucun prestataire de service n'est à la fois capable de mettre en relation les professionnels de santé et les fournisseurs de robots, de prendre en charge l'installation de la solution, de gérer la connectique et d'assurer un service après-vente. L'objectif du projet ANR-PROSIT, dans le cadre duquel ont été conduits ces travaux de thèse, est de réaliser un robot de télé-échographie proposant de nouvelles fonctionnalités interactives et sophistiquées qui requièrent des avancées scientifiques et technologiques [PROSIT, www]. Il implique pour cela plusieurs partenaires universitaires, industriels et médicaux :

- Laboratoire PRISME : Pluridisciplinaire de Recherche en Ingénierie des Systèmes, Mécanique et Energétique.
- Institut PPRIME : Pôle Poitevin de Recherche en Ingénierie Mécanique et Energétique.
- LIRMM : Laboratoire d'Informatique de Robotique et de Micro-électronique de Montpellier.
- INRIA : Institut National de Recherche en Informatique et en Automatique.
- Robosoft : Industriel français de la robotique
- INSERM930 - CHU de Tours : Institut National de la Santé Et de la Recherche Médicale.

Ces partenaires sont répartis dans plusieurs groupes de travail appelés « Work Package » (WP) en fonction de leur domaine de compétence.

- WP1 : Management
- WP2 : Cahier des charges et validation
- WP3 : Conception mécanique et simulation
- WP4 : Télé-opération et contrôle
- WP5 : Asservissement visuel
- WP6 : Interactions
- WP7 : Intégration
- WP8 : Communication

Conformément aux attentes du projet, deux prototypes ont été réalisés : PROSIT-1 et PROSIT-2. Pour le premier, le concept du poignet sphérique incliné a été repris avec quelques modifications. En effet, Nouaille préconisait d'incliner le premier axe de la chaîne cinématique de 10° [Nouaille 09]. Son design est inspiré de celui d'ESTELE. Les poignées du système ont été revues pour convenir aux nouvelles dimensions du robot. Ce robot est contrôlé par l'interface haptique à structure libre que nous avons développée et dont la conception est détaillée plus tard dans ce rapport [Essomba 11]. Cette interface haptique est équipée d'une centrale inertielle « maison » dont les éléments sont fiabilisés par un filtre de Kalman modifié. Le retour d'effort est assuré par un système non réversible composé d'un motoréducteur et d'un capteur d'effort.

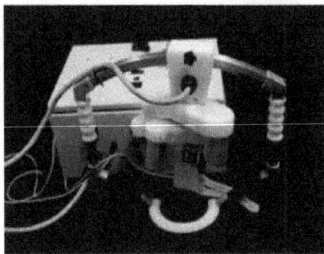

Figure 1.26. Robot PROSIT 1.

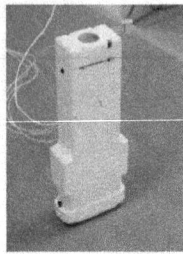

Figure 1.27. Interface PROSIT 1.

Le deuxième prototype est basé sur une architecture très différente. Les protagonistes du projet ont en effet opté pour une structure parallèle composée de deux bras pantographiques. L'orientation des axes motorisés a été étudiée pour augmenter les performances cinématiques du robot. Comme convenu avec les professionnels de la santé, un nouveau degré de liberté permettant une translation du poignet sphérique le long du patient a été ajouté. Une nouvelle interface haptique a été développée pour ce robot. La détection de mouvements est toujours assurée par une centrale inertielle, le concept ayant été validé. Le système de retour d'effort est désormais réversible avec un système de cabestan motorisé.

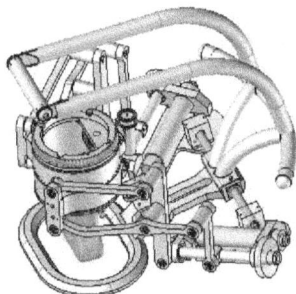

Figure 1.28. CAO de PROSIT 2.

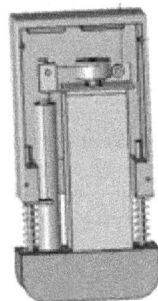

Figure 1.29. CAO de l'interface PROSIT 2.

Ces deux prototypes ont également servi de plateforme pour valider les résultats des travaux de recherche en traitement d'image et asservissement visuel du WP5 [Li 11]. Ceci a permis l'implémentation de nouvelles fonctionnalités innovantes comme la recherche ou le suivi automatique d'une cible échographique par exemple.

1.5.2. Des projets concurrents

Le robot ARTIS de l'Agence Spatiale Européenne a été développé en 2008 par un consortium porté par le MEDES. Ce robot est censé orienter une sonde d'échographie sur 3 DDL. Le but de ce projet était de valider le concept d'un système de télé-échographie robotisée embarqué dans la station spatiale internationale. C'est la société MAGELLIUM qui commercialise ce robot aujourd'hui. De par son encombrement, nous le trouvons peu compact, mais surtout propice à la transmission de vibrations.

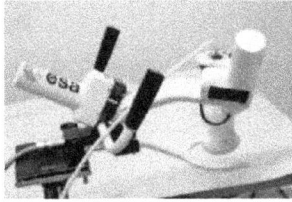

Figure 1.30. Robot ARTIS [Medes, www].

Melody est un robot dont le manipulateur a été étudié pour être utilisé à bord d'une ambulance en circulation. La société AdEchoTech, qui le commercialise depuis 2009, a opté pour une structure sérielle à 3 DDL pour l'orientation de la sonde et d'une liaison prismatique passive pour la maintenir en contact avec le patient.

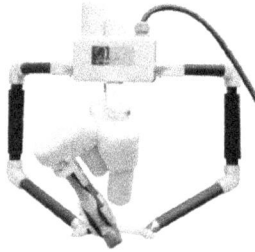

Figure 1.31. Robot Melody [AdEchoTech, www].

En étudiant les projets de robots de télé-échographie contemporains, on remarque que, bien qu'étant déjà opérationnelle sur le principe, la thématique de télé-échographie robotisée fait toujours l'objet d'innovations et d'une dynamique de développement très soutenue.

Conclusion

Dans ce chapitre, différents dispositifs dédiés à la télé-échographie et à la télé-opération en général (interfaces haptiques) ont été présentés. Grâce à une analyse de cet état de l'art, nous pouvons tirer les conclusions nécessaires pour une première approche qualitative dans notre démarche de conception.

Même si beaucoup de prototypes (parfois accompagnés d'interfaces haptiques) ont vu le jour, peu d'entre eux sont arrivés en phase de validation clinique et encore moins en cours d'intégration dans les centres hospitaliers. Les projets contemporains en ont clairement fait leur objectif majeur. Cette difficulté peut avoir plusieurs explications. On remarque que très peu de robots ont été conçus suite à une analyse quantitative du geste à reproduire. On peut se demander si ce manque coïncide avec la difficulté d'acceptation d'un robot. Enfin, la faible implication d'experts médicaux dans certaines étapes du processus de conception peut donner une solution qui, bien qu'optimale pour le roboticien, paraît insuffisante d'un point de vue fonctionnel aux yeux du médecin. Le robot ESTELE, par exemple, a bénéficié d'une forte collaboration avec des experts médicaux pour la définition de ses spécifications.

CHAPITRE 2.   Etude du geste médical et sur un prototype de robot existant

Résumé :

Le présent chapitre détaille les expérimentations réalisées dans la cadre de l'analyse du geste médical et de l'étude du comportement du robot ESTELE concernant sa capacité de suivi de trajectoire. Le système de capture de mouvement Vicon Nexus a été mobilisé pour la mesure du geste des experts. La configuration et la calibration de ce système sont présentées. Le traitement et l'analyse des données recueillies ont contribué à la rédaction du cahier des charges du système de télé-échographie. Ainsi, l'espace de travail nécessaire, les vitesses angulaires, le suivi de trajectoire et la gestion des singularités sont des aspects qui ont été soulevés par cette étude.

Sommaire :

Introduction

La participation d'une équipe d'experts médicaux au projet ANR-PROSIT a entre autres permis à l'ensemble des partenaires techniques et scientifiques d'appuyer la rédaction du cahier des charges sur une analyse rigoureuse et représentative du geste à reproduire par le futur robot. L'analyse du geste médical ainsi que du comportement du robot ESTELE, actuellement en service, a été la première mission de l'équipe WP3 : workpackage chargé de la conception mécanique et des simulations dans le projet. Al Bassit avait également tiré les données chiffrées des spécifications des robots OTELO à partir d'une analyse du geste de d'échographie [Al Bassit 05]. Un système de localisation de type Flock of Bird (FoB) lui avait permis de mesurer la position et l'orientation d'une sonde d'échographie lors d'un examen. Nouaille avait préconisé d'intégrer cette étape dans la démarche de « conception appropriée » pour les robots médicaux [Nouaille 09].

Ici, le système de capture de mouvement Vicon Nexus est utilisé pour la quantification des mouvements effectués par le médecin lors d'un examen échographique. La configuration, la calibration et l'utilisation du système s'avérant complexes, il été utilisé dans un premier temps avec l'assistance d'un expert en biomécanique de l'Université de Poitiers puis de manière autonome. Les expérimentations visant à recueillir des données sur le geste expert ont été réalisées au CHU de Tours. Les difficultés d'enregistrements liées à la configuration de la salle mobilisée (dimensions restreintes, géométrie irrégulière, encombrement...) ont été compensées par le nombre important de patients volontaires. Ceci nous a permis de constituer un ensemble de données intéressantes.

Le comportement du robot ESTELE a également fait l'objet d'une analyse à l'aide du système Vicon Nexus. Un nombre important de défauts et de réactions anormales ont ainsi été mis en évidence. Les conclusions tirées de ces deux expérimentations ont permis d'établir les points importants au niveau des spécifications du futur système de télé-échographie.

2.1. Outils dédiés à l'analyse du mouvement

De longue date, l'homme s'est efforcé d'observer et d'analyser le mouvement en général. Ainsi, Aristote (384-322 av. JC) et Léonard de Vinci (1452-1519) par exemple ont mené des recherches sur la description et le mouvement du corps de êtres vivants. Aujourd'hui, il existe plusieurs types de systèmes d'acquisition de mouvements. Boutin a classifié ces différentes techniques en fonction de leur mode de fonctionnement [Boutin 09]. Six d'entre elles sont regroupées ci-dessous en trois catégories différentes.

2.1.1. Les différentes catégories

Les systèmes optoélectroniques permettent d'étudier le mouvement en détectant des marqueurs collés sur le ou les sujets à observer. Les systèmes Vicon Nexus, Motion Analysis et SAGA sont conçus pour localiser des marqueurs dits « passifs ». Un post-traitement via un logiciel spécifique permet de labéliser et de différentier les marqueurs. Le système Optotrack Smart Markers peut gérer des marqueurs « actifs » qui émettent chacun des ondes de fréquences différentes. Ce procédé permet de distinguer ces marqueurs les uns des autres sans post-traitement. De plus, aucun éclairage spécifique n'est requis. Mais l'inconvénient de ce système est l'obligation d'alimenter et de synchroniser les marqueurs via un dispositif embarqué qui peut altérer les mouvements du sujet.

Enfin, des systèmes non optiques permettent également d'enregistrer des mouvements. Des instruments de mesure (accéléromètres, gyroscopes…) fixés sur le sujet, peuvent estimer les mouvements de celui-ci. XSens propose à cet effet des centrales inertielles ainsi que des combinaisons humaines. Moins précis que les systèmes optiques, ces produits sont cependant moins coûteux et offrent des volumes de visualisation plus larges et sans le phénomène d'occlusion qui est un problème récurent chez ces derniers.

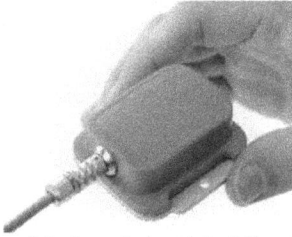

Figure 2.1. Centrale inertielle XSens MTi [XSens, www].

Figure 2.2. Combinaisons XSens MVN [XSens, www].

Des structures exosquelettes passives peuvent être utilisées pour mesurer le mouvement d'un sujet humain. Composé de segments rigides reliés par des articulations mesurées, ce type de système peut s'avérer peu pratique à l'utilisation en fonction des dimensions morphologiques de l'opérateur. En général, ces dispositifs sont dédiés à des thématiques bien définies. La main exosquelette de l'Institut PPRIME permet l'analyser le mouvement des doigts d'un opérateur et de les transposer sur une main robotique pour des fins de manipulation dextre [Chaigneau 08]. Le système BlueDRAGON a été utilisé par l'Université de Washington (Seattle) pour étudier la cinématique des outils en chirurgie mini-invasive [Rosen 02]. L'Université de Cassino a conçu un système de capture de mouvement par câbles CATRASYS (CAssino TRAcking SYStem). Un point du sujet est relié par des câbles à plusieurs dispositifs capables de mesurer leurs variations de longueur. Le principe de triangulation permet alors de déterminer la position dans l'espace de ce point.

2.1.2. Le système utilisé : Vicon Nexus

En plus de ses compétences en synthèse de mécanismes, l'équipe ROBIOSS (RObotique BIOmécanique Sport et Santé) de l'Université de Poitiers s'intéresse activement à l'analyse des pratiques sportives ainsi qu'aux aspects cliniques du mouvement et de l'ergonomie. Dans cette optique, ses chercheurs se sont dotés du système de capture de mouvements Vicon Nexus. Ce dispositif basé sur la détection et le suivi de marqueurs passifs est composé d'un ensemble de caméras à haute résolution (caméras MX), de marqueurs réfléchissants et d'une plateforme d'acquisition assurant la connectique des différents équipements de mesure. Le système peut être accompagné de caméra classique pour l'enregistrement vidéo de la scène pour illustration (voir Figure 2.3). L'ensemble est géré par un poste informatique équipé du logiciel spécifique Nexus.

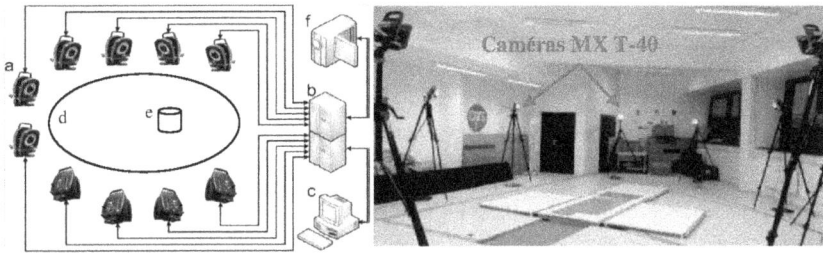

Figure 2.3. Illustration du matériel Vicon Nexus. Caméras MX T-40 (a), plateforme d'acquisition (b), poste informatique (c), champ de vision (d), sujet (e), caméra standard (f). Images de [Li 12].

Les caméras T40 utilisées ici ont une résolution maximale de 4 méga pixels (2325 x 1728) et peuvent enregistrer jusqu'à 370 images par seconde (voir Figure 2.4). Elles sont reliées au poste informatique par l'intermédiaire de la plateforme d'acquisition. Celle-ci permet également la connexion de caméras numériques classiques et la gestion d'entrées-sorties analogiques. Ces caméras sont équipées chacune de 320 LED de haute puissance qui émettent une lumière infra-rouge de longueur d'onde de 850 nm (d'où l'ambiance rougeâtre sur certaines photographies).

Figure 2.4. Caméras T-40.

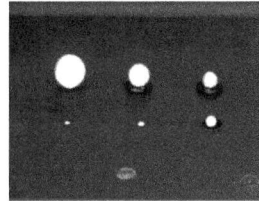

Figure 2.5. Six différents marqueurs réfléchissants

Cette lumière est alors réfléchie par les marqueurs réfléchissants. Il en existe de différentes tailles et formes selon les besoins de l'expérimentation (voir Figure 2.5). Chacune de ces caméras peut ainsi les détecter et estimer leur position dans un plan normal à l'axe de vision de la caméra. Avec deux caméras, on peut ainsi estimer la position dans l'espace de chaque marqueur par triangulation. On gagne en précision à chaque fois que l'on ajoute une caméra au système. Le fait d'ajouter des caméras permet également de contrer les phénomènes d'occlusions. Si un obstacle mobile empêche la détection d'un marqueur par une caméra, une autre prendra le relais.

L'enregistrement des mouvements se divise en plusieurs étapes. La première consiste à placer les caméras de façon à couvrir l'ensemble de l'environnement dans lequel se déplacera le sujet à étudier. Pour affiner ces réglages, le logiciel Nexus permet d'obtenir une vue de chaque caméra. Il faut ensuite régler les paramètres de détection de chaque caméra. Pour un enregistrement de qualité, trois paramètres doivent impérativement être minutieusement ajustés. Le niveau de lumière émise indique l'intensité d'éclairage des LED. Le seuil de détection est le niveau de lumière réfléchie à partir duquel la caméra considèrera un reflet lumineux comme un marqueur. Enfin, il est possible de régler pour chaque caméra la circularité minimale requise pour qu'un reflet lumineux soit considéré comme un marqueur. Le bon réglage de ces paramètres permet au système de faire le tri entre les marqueurs que l'on souhaite détecter et les parasites ou autres reflets lumineux dus aux surfaces polies par exemple. En cas de besoin, on peut éventuellement masquer numériquement certaines zones couvrant des éléments problématiques.

Une fois la partie matérielle configurée, on passe à la calibration du système. Cette étape a pour but de faire connaître au système la position des caméras les unes par rapport aux autres sans quoi, aucune triangulation ne serait possible. Pour cela, on agite dans le champ de vision des caméras une baguette d'étalonnage munie de marqueurs et dont les dimensions sont connues du système (voir Figure 2.6). En envoyant ainsi plusieurs milliers de points aux caméras, le système reconstitue virtuellement leur disposition avec des erreurs d'estimations qui diminuent en fonction du nombre de points envoyés. Ces erreurs sont visualisables par l'utilisateur qui peut alors décider de « raffiner » la calibration si ces valeurs lui paraissent trop élevées. Cette baguette d'étalonnage est ensuite utilisée pour établir un repère de référence à l'environnement virtuel. Deux niveaux à bulles et des vis de réglage permettent d'affiner l'orientation de ce repère.

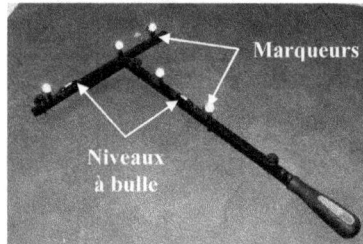

Figure 2.6. Baguette d'étalonnage.

Ceci étant effectué, on peut procéder à la capture de mouvement. Les marqueurs réfléchissants sont placés sur le sujet puis leurs déplacements sont enregistrés par le système. Le choix de l'emplacement est très important car c'est leurs coordonnées dans l'espace que le système permet d'extraire. Lorsque l'enregistrement est terminé, le logiciel génère un fichier qu'il faudra ouvrir pour le « post-traiter ».

Ce post-traitement débute par la reconstruction de l'ensemble des marqueurs détectés lors de l'enregistrement. Cette opération permet de représenter graphiquement les marqueurs en fonction des paramètres de reconstruction. C'est en fonction de ces paramètres que le logiciel va rendre visible ou non un marqueur. La vitesse de déplacement des marqueurs indique le déplacement maximal des marqueurs entre deux images successives. Au delà de cette valeur, le système considèrera qu'il s'agit d'un autre marqueur puisqu'il ne peut pas se déplacer aussi vite. Le nombre minimum de caméras par marqueur est le nombre de caméras nécessaires pour détecter chaque marqueur. Si un marqueur est détecté par un nombre de caméras inférieur à ce paramètre, il ne sera pas pris en compte. Ce nombre ne peut pas être inférieur à deux. La séparation minimale de reconnaissance est la distance de séparation minimale admise entre deux reflets lumineux. En dessous de cette valeur, le système estimera avoir affaire à un seul et même marqueur. Il est très important de régler ces paramètres minutieusement afin d'obtenir la visualisation la plus propre possible et de réduire ainsi la complexité de la suite du post-traitement.

L'étape suivante consiste à labéliser les marqueurs afin de pouvoir les identifier tout au long de l'enregistrement. Ces marqueurs sont également regroupés en plusieurs « segments ». Un segment est la représentation d'un solide indéformable.

34

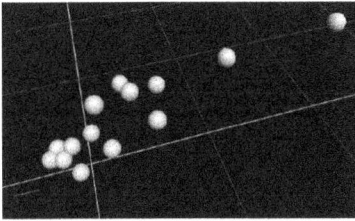

Figure 2.7. Marqueurs reconstruits.

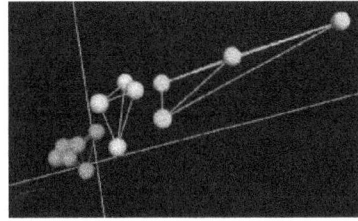

Figure 2.8. Marqueurs reconstruits et labellisés

Pour finir, il est possible qu'un marqueur disparaisse durant une séquence de durée variable. On parle de « vide ». Il peut y avoir deux raisons différentes à ce phénomène. Soit le marqueur est toujours visible mais considéré comme non identifié durant la séquence. Soit le marqueur n'est plus visible à cause d'un nombre trop important d'occlusions ou parce que les paramètres de reconstruction le rendent « invisible ». Dans les deux cas, le logiciel Nexus permet à l'utilisateur de « combler un vide » en reconstruisant la trajectoire de ce marqueur sur cette séquence. Dans le cas d'un marqueur non identifié, il suffit de relabéliser le marqueur sur la séquence. En revanche, si le marqueur n'est plus détecté, Nexus peut reconstruire sa trajectoire via deux méthodes différentes. La première consiste à se baser sur la trajectoire du marqueur avant et après sa disparition. Le logiciel reconstruit alors une trajectoire en s'assurant que ses tangentes au début et la fin du vide soient respectivement confondues avec les tangentes de la trajectoire initiale avant et après ce même vide (méthode par « spline »). La deuxième méthode utilise la trajectoire d'un autre marqueur visible durant la même séquence. La trajectoire du marqueur ainsi recréée sera identique à celle du marqueur sélectionné (méthode par imitation).

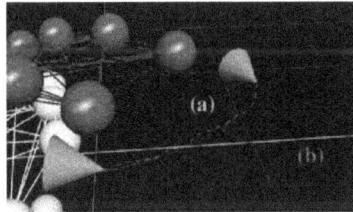

Figure 2.9. Trajectoires reconstruites par imitation (a) ou par « spline » (b).

Lorsque le post traitement de l'enregistrement est terminé, il reste à exporter les coordonnées dans l'espace des marqueurs labellisés en fonction du temps de l'enregistrement. Le logiciel peut exporter ces données sous différents formats de fichier. Selon le choix de l'utilisateur, il peut s'agir de fichiers textes, de tableaux Excel... Une fois que cette étape est terminée, on peut passer à l'analyse quantitative du mouvement.

2.2. Analyse du geste expert en échographie

Dans le cadre de notre première mission dans le projet ANR-PROSIT, une campagne de mesure a été menée en milieu hospitalier au CHU de Tours. L'objectif est de constituer une base de données contenant la position et l'orientation d'une sonde d'échographie pendant des

35

examens échographiques sur de vrais patients (in vivo). Le système de capture de mouvement Vicon Nexus a donc été déplacé au sein de l'équipe médicale du Pr. Arbeille, également impliqué dans le projet.

2.2.1. Protocole expérimental

Le but de ces expérimentations était d'enregistrer les mouvements de la sonde d'échographie manipulée par un expert médical lors d'examens réels sur des patients. Les caméras MX ont été placées dans la salle d'examen afin de pouvoir observer le brancard sur lequel repose le patient. Il est recommandé d'augmenter le plus possible les angles entre les axes des différentes caméras afin d'améliorer la précision du système. Or ici, en raison des dimensions restreintes de la salle, seules huit caméras sur les dix ont pu être utilisées et elles étaient relativement proches les unes des autres (moins d'un mètre en moyenne). Ce qui entraîne un angle de triangulation faible et donc une précision de reconstruction réduite. Afin de ne pas déranger le médecin et son patient, notre poste de contrôle était placé à l'extérieur de la salle. Ce poste comprenait un poste informatique équipé du logiciel Nexus pour gérer l'ensemble du matériel et la plateforme d'acquisition.

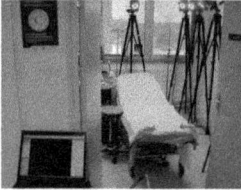

Figure 2.10. Poste de contrôle.

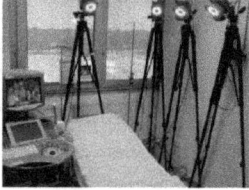

Figure 2.11. Salle d'examen.

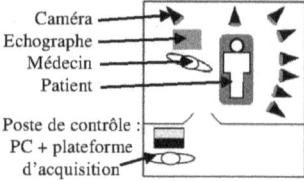

Figure 2.12. Disposition du matériel.

Des marqueurs ont été placés sur la sonde d'échographie ainsi que sur le bras du médecin. Leur placement nous permet de caractériser les mouvements de la sonde sans altérer les mouvements du médecin. A son signal, l'examen commence et l'enregistrement est déclenché.

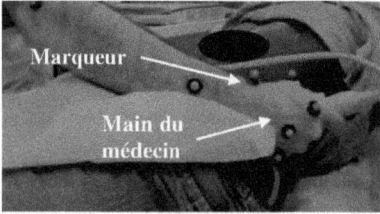

Figure 2.13. Disposition des marqueurs sur la main du médecin.

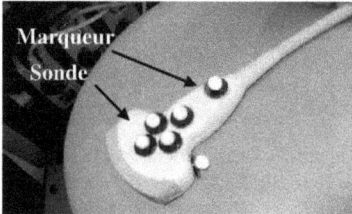

Figure 2.14. Disposition des marqueurs sur la sonde d'échographie.

Durant cette campagne de mesures, 14 patients ont été examinés par 4 médecins différents. Au total, nous avons pu réaliser 25 enregistrements.

2.2.2. Méthodes de calculs

Le but de ces expérimentations est de quantifier les mouvements de la sonde d'échographie durant des examens. Un total de six marqueurs ont été fixés sur celle-ci. Quatre d'entre eux placés au centre ont été utilisés pour calculer l'évolution de son orientation. Deux autres enfin ont été utilisés pour repérer visuellement l'orientation globale de la sonde sous

36

l'environnement Nexus. Grâce aux quatre marqueurs du centre, on construit un repère orthonormé. Par défaut, on utilise toujours les trois mêmes marqueurs. Au minimum, il faut trois marqueurs pour se positionner dans un repère mais quatre sont utilisés ici pour prévenir le cas où l'un d'entre eux disparaît à cause d'une occlusion.

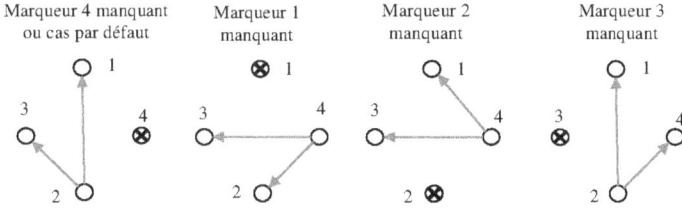

Figure 2.15. Méthodes de gestion des occlusions.

Grâce au logiciel Nexus, des fichiers contenant les coordonnées spatiales des marqueurs sont exportés sous format « texte ». Ces coordonnées sont ensuite utilisées pour construire un repère qui est lié à la sonde d'échographie. La Figure 2.16 montre comment il est possible de construire un repère à partir de trois points.

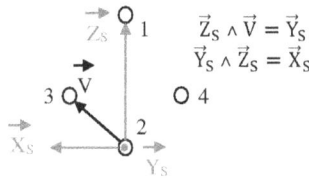

$$\vec{Z}_S \wedge \vec{V} = \vec{Y}_S$$
$$\vec{Y}_S \wedge \vec{Z}_S = \vec{X}_S$$

Figure 2.16. Méthode de construction du repère orthogonal lié à la sonde d'échographie.

Les composantes des vecteurs unitaires $\mathbf{X}_S$, $\mathbf{Y}_S$ et $\mathbf{Z}_S$ dans le repère de référence sont utilisées pour établir la matrice de rotation caractérisant la rotation de la sonde dans le repère de référence.

$$R_T = \begin{bmatrix} x_X & y_X & z_X \\ x_Y & y_Y & z_Y \\ x_Z & y_Z & z_Z \end{bmatrix} \tag{2.1}$$

Avec $\vec{x}_S = \begin{pmatrix} x_X \\ x_Y \\ x_Z \end{pmatrix}$, $\vec{y}_S = \begin{pmatrix} y_X \\ y_Y \\ y_Z \end{pmatrix}$ et $\vec{z}_S = \begin{pmatrix} z_X \\ z_Y \\ z_Z \end{pmatrix}$.

Les éléments de cette matrice permettent le calcul des angles de rotation de la sonde. Il est possible de choisir entre deux représentations différentes : celle d'Euler ou celle de Cardan.

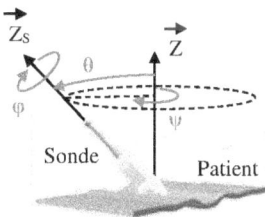

Figure 2.17. Illustration des angles d'Euler.

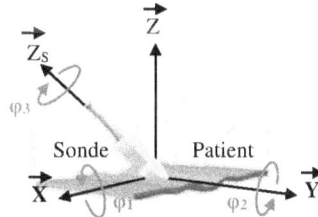

Figure 2.18. Illustration des angles de Cardan.

Les formules d'identification des angles de rotation changent suivant la représentation utilisée. Pour les angles d'Euler : précession ψ, nutation θ et rotation propre φ, on utilise les expressions suivantes :

$$\theta = \text{acos } z_Z \tag{2.2}$$

$$\psi = \text{atan2} \left(\frac{z_X}{\sin \theta}, \frac{-z_Y}{\sin \theta} \right) \tag{2.3}$$

$$\varphi = \text{atan2} \left(\frac{x_Z}{\sin \theta}, \frac{y_Z}{\sin \theta} \right) \tag{2.4}$$

Et pour les angles de Cardan : roulis φ_1, tangage φ_2 et lacet φ_3 :

$$\varphi_1 = \text{atan2}(z_Y, z_Z) \tag{2.5}$$

$$\varphi_2 = \text{atan2}(z_X, z_Z) \tag{2.6}$$

$$\varphi_3 = \text{atan2}(x_Y, x_X) \tag{2.7}$$

2.2.3. Analyse des résultats

Durant l'enregistrement des examens d'échographie, les médecins nous ont précisé l'organe qu'ils exploraient. De ce fait, nous sommes en mesure de fournir des données chiffrées séparément pour chaque organe. Les organes que nous avons ainsi pu étudier sont :

- Le foie
- Le pancréas
- Le rein droit
- La vésicule biliaire
- La veine sous hépatique
- La veine porte.

En raison de la morphologie variable des patients examinés et de la configuration peu avantageuse de la salle d'examen, les marqueurs placés sur la sonde d'échographie subissaient parfois des occlusions totales. Si bien que malgré le post-traitement via les différentes fonctionnalités du logiciel Nexus, leur reconstruction devenait impossible. Ce qui explique que nous n'ayons pas pu recueillir de données sur certains organes comme par exemple le rein gauche et que les organes disponibles pour nos analyses n'aient pas le même nombre de données. La localisation moyenne du pancréas et de la veine porte par rapport au rein droit explique ces différences de résultats.

Pour commencer, l'évolution des angles d'Euler est représentée sur un graphique en fonction du temps. La représentation via les angles d'Euler a été choisie car elle inclut l'angle θ qui indique l'inclinaison générale de la sonde d'échographie. Les deux autres angles ψ et φ représentent respectivement la direction de l'inclinaison et la rotation propre comme l'illustre la Figure 2.17. Mais étant donné que la valeur de ces angles dépend de l'angle θ comme l'indiquent les équations (2.3) et (2.4), leur interprétation visuelle à partir des données numériques reste peu évidente. La Figure 2.19 donne un exemple de trajectoire en orientation des angles d'Euler de la sonde d'échographie. Ici, un médecin examine le rein droit d'un patient.

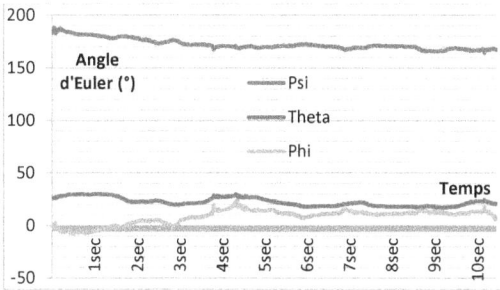

Figure 2.19. Evolution des angles d'Euler durant un examen du pancréas.

Afin d'évaluer la répétabilité du geste expert, l'orientation de la sonde d'échographie est comparée pour le même médecin sur plusieurs patients et pour plusieurs médecins sur le même patient. Ainsi, nous pouvons évaluer l'influence de la morphologie variable du patient examiné ainsi que celle liée à l'expérience individuelle de l'expert. Sur la Figure 2.20, les résultats de deux examens, réalisés par un même médecin sur deux patients différents sont présentés. On constate peu de différences visibles dans ce cas de figure malgré les morphologies différentes des patients susceptibles de changer. En moyenne, on relève une différence de moins de 5° pour les angles de précession ψ et de nutation θ et d'environ 10° sur la rotation propre φ.

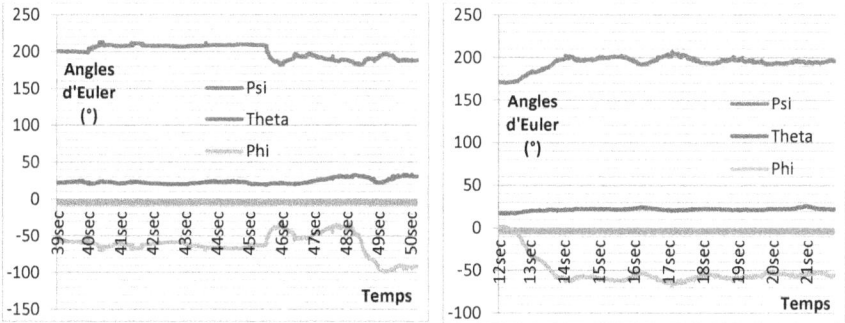

Figure 2.20. Examen de la veine porte par un médecin sur deux patients différents.

Sur les deux exemples illustrés par la Figure 2.21, le même patient est examiné par deux médecins différents. Cette fois, on peut noter que les différences d'angle peuvent être relativement élevées. En effet, les différences relevées sur la précession et la nutation atteignent respectivement environ 100° et 40° pour l'examen du même organe : le rein droit.

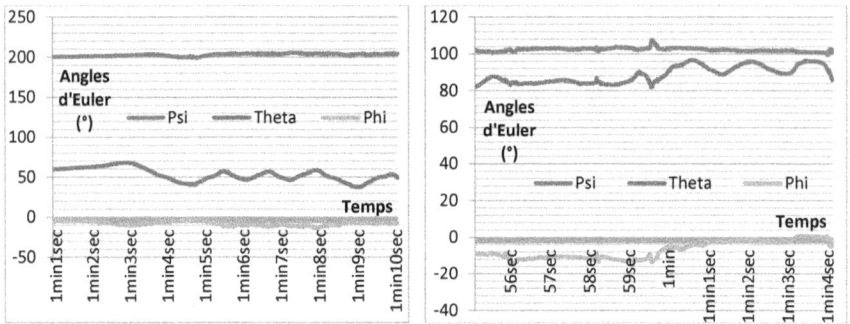

Figure 2.21. Examen du rein droit du même patient par deux médecins différents.

Cette analyse démontre bien la dépendance entre l'expert et la tâche d'échographie mentionnée à plusieurs reprises dans ce rapport. En effet, on note que la morphologie du patient influe peu sur le geste de l'expert médical. En revanche, les analyses semblent mettre en évidence une gestuelle différente d'un expert à l'autre.

2.2.3.1. Espace de travail

A l'aide des expressions de calcul d'angle, nous pouvons connaître l'évolution de l'orientation de la sonde d'échographie durant un examen. L'ensemble des orientations atteintes par cette sonde nous permet de définir l'espace de travail nécessaire pour la réalisation de la tâche étudiée. Pour une meilleure représentation visuelle, l'ensemble de ces orientations est représenté sur la sphère unitaire. Il s'agit de l'ensemble des points désignés par le vecteur Z_S du repère lié à la sonde d'échographie (voir Figure 2.17). La position de ces points sur la sphère ne dépend que des deux premiers angles d'Euler ψ et θ car la rotation propre s'effectue autour de l'axe Z_S. Pour l'étude de l'espace de travail nécessaire à la conception du futur robot, l'exploration des reins ne sera pas pris compte sur la demande des partenaires médicaux ; en raison de leur position qui les rend visuellement accessibles uniquement à partir du flanc du patient. La Figure 2.22 représente l'évolution de l'orientation de la sonde sur une sphère unitaire pour l'ensemble des examens réalisés par tous les experts médicaux sur tous les patients pour l'exploration du foie (a), du pancréas (b), de la veine porte (c) et de la vésicule biliaire (d). On note que l'inclinaison générale de la sonde (représentée par l'angle θ) reste inférieure à 45°. Cependant, cette valeur extrême n'est atteinte que pour l'examen du foie. Pour les trois autres organes étudiés, cette valeur ne dépasse pas 30°. On remarque également que la sonde est souvent orientée dans la même direction (vers le haut pour chaque figure). Ces résultats montrent que l'ensemble des mouvements réalisés par les médecins lors de la campagne de mesures pourrait être reproduit par un manipulateur dont l'espace de travail serait contenu dans un cône de demi-angle de 45°.

40

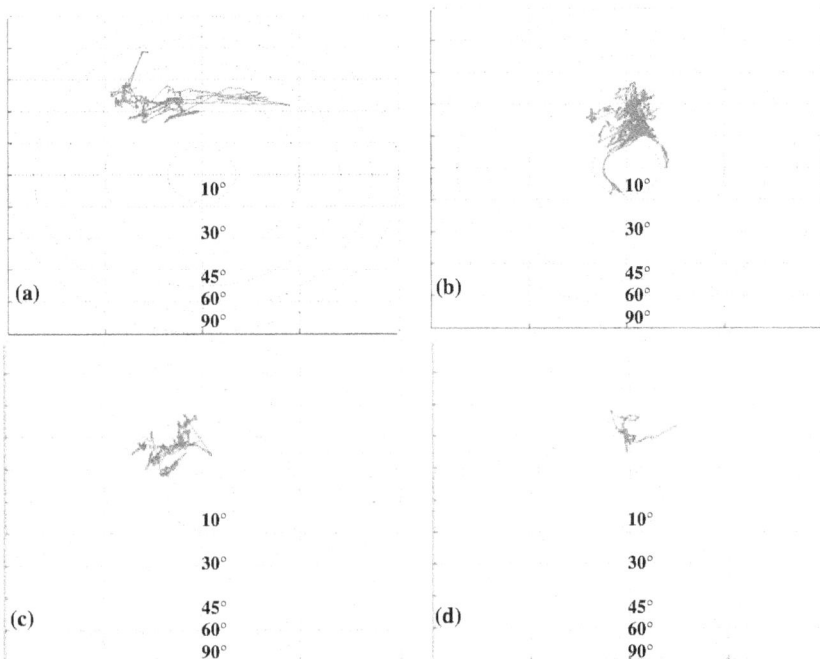

Figure 2.22. Evolution de l'orientation de la sonde d'échographie sur une sphère unitaire durant la totalité des examens du foie (a), du pancréas (b), de la veine porte (c) et de la vésicule biliaire (d).

2.2.3.2. Vitesse angulaire

La vitesse angulaire de la sonde d'échographie est aussi un élément de spécification à prendre en compte. L'interprétation des vitesses angulaires s'avère beaucoup plus complexe avec les angles d'Euler. En effet, nous avons noté que les vitesses angulaires sur les enregistrements ne correspondaient pas aux observations visuelles. Par exemple, si l'on incline un objet dans une direction fixe, son inclinaison générale augmente. En conséquence, seul l'angle de la nutation (θ) devrait augmenter. Les deux autres (précessions (ψ) et rotation propre (φ)) devraient rester constants. Pourtant, il a été observé que, pour ce type de mouvement, les angles de la précession et la rotation propre évoluaient de façon opposée : l'un augmente tandis que l'autre diminue. Un exemple est présenté en Figure 2.23. Ce phénomène peut s'expliquer par les expressions (2.3) et (2.4) qui font intervenir le sinus de l'angle θ.

41

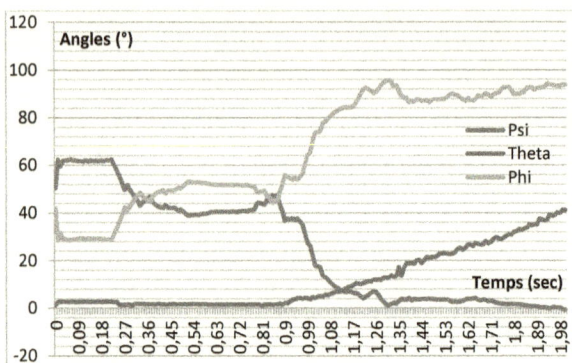

Figure 2.23. Evolution des angles d'Euler lors d'une simple inclinaison.

Afin d'interpréter les résultats de l'étude des vitesses angulaires plus facilement, celles-ci seront ici représentées à partir des angles de Cardan qui eux, sont indépendants les uns des autres. Au final, ce sont directement les vitesses angulaires autour des axes propres de la sonde qui sont mesurées. La Figure 2.24 montre l'évolution des vitesses angulaires mesurées lors d'un examen. Une analyse de l'ensemble de ces résultats a montré que ces vitesses ne dépassaient pas 30°/s. Les pics de vitesse visibles durant les premières secondes sont dus à la mise en place de la sonde d'échographie sur le patient. On a également pu observer que le lacet (qui correspond à la rotation propre) est le mouvement le plus sollicité.

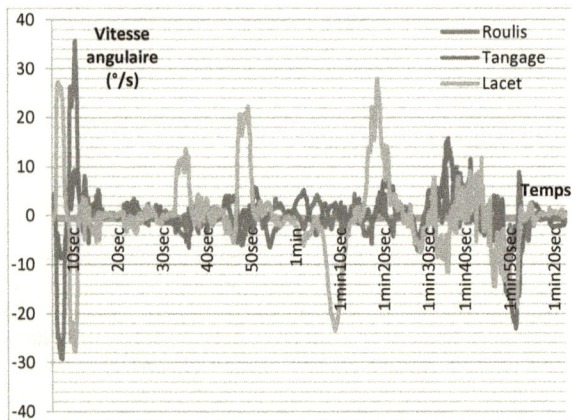

Figure 2.24. Vitesses angulaires de la sonde durant un examen complet.

2.3. Evaluation du comportement du robot ESTELE

De par notre implication dans le projet PROSIT, l'une de nos missions consistait à évaluer les comportements du robot ESTELE de Robosoft. Il est actuellement utilisé par l'équipe du Pr. Arbeille. Le robot est régulièrement utilisé au CHU de Tours pour des examens d'échographie mais également pour de l'assistance et pour le guidage de gestes chirurgicaux pour différents types d'interventions [Bruyère 11]. Le robot nous a été confié pour réaliser des expérimentations à l'aide du système de capture de mouvement.

2.3.1. Protocole expérimental

Dans le principe, le protocole expérimental est le même que pour l'analyse du geste expert. Des marqueurs réfléchissants ont été disposés sur différentes parties du robot, et le robot a été placé dans le champ de vision des caméras du système. L'ensemble du robot est composé du manipulateur et de sa commande. Le manipulateur est constitué d'une base servant de poignées de maintien et de support, et de trois axes dont le dernier de la chaîne contient l'organe terminal du robot. La commande est constituée d'un joystick que l'opérateur manipule pour contrôler le robot et d'un boîtier abritant les outils électroniques divers. Un poste informatique permettant la gestion du système de télé-échographie est placé à proximité.

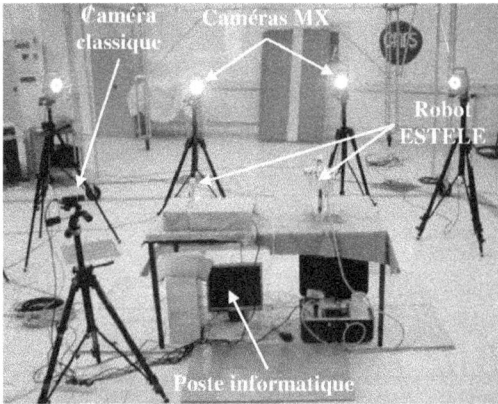

Figure 2.25. Expérimentation sur le système ESTELE à l'aide de Vicon Nexus.

Comme le montre la Figure 2.26, les marqueurs réfléchissants ont été placés sur les parties suivantes :

Côté manipulateur :

-   La base (servant de référence)
-   L'axe 1
-   L'axe 2
-   L'axe 3.

Côté commande :

-   Le joystick
-   Le boîtier (servant de référence).

43

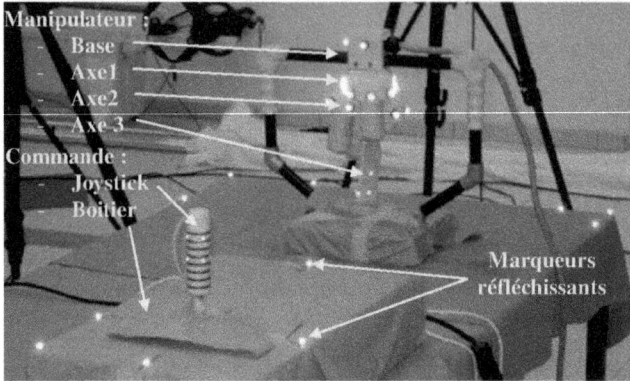

Figure 2.26. Disposition des marqueurs sur l'ensemble du système ESTELE.

Des mouvements élémentaires et d'autres plus complexes ont été réalisés avec le robot afin de les mesurer. La comparaison entre les mouvements mesurés du joystick de la commande et de l'organe terminal du manipulateur nous permet de tirer un certain nombre de conclusions sur le comportement du robot et son aptitude à reproduire les mouvements commandés par l'opérateur.

2.3.2. Méthodes de calculs

Pour chaque élément accueillant des marqueurs, il est possible de construire un repère. La méthode illustrée dans le paragraphe 2.2.2. a été utilisée. Afin d'augmenter la précision de nos résultats, les mouvements des éléments mobiles sont mesurés, non plus par rapport à un repère de référence général, mais par rapport à d'autres éléments qui peuvent être fixes ou mobiles. Le joystick, par exemple, est repéré par rapport au boîtier de la commande.

Afin de repérer un élément A défini dans le repère R_A, par rapport à un élément B défini dans le repère R_B, il faut dans un premier temps déterminer leur matrice de passage par rapport au repère de référence. Ici, nous nous limitons au calcul des angles. Ces matrices peuvent donc être réduites aux matrices de rotation ; elles sont notées $^T A_A$ et $^T A_B$. Pour calculer $^B A_A$, la matrice de rotation de A par rapport au repère R_B, on utilise la formule suivante :

$$^B A_A = {}^T A_B * {}^T A_A{}^{-1} \qquad (2.8)$$

Une fois la matrice de rotation déterminée, il suffit d'appliquer les expressions (2.2) à (2.7) pour calculer les angles d'Euler ou de Cardan, par identification. Pour l'étude qui suit, les angles de Cardan ont été choisis pour déterminer l'orientation des différents éléments pour les mêmes raisons que celles évoquées dans le paragraphe 2.2.3.2. au sujet des difficultés d'interprétation de la représentation des angles d'Euler.

44

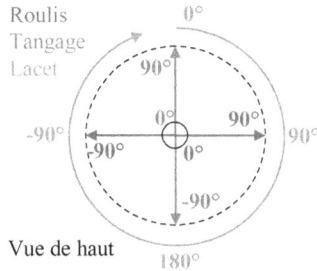

Figure 2.27. Configuration retenue pour les angles de Cardan.

Les angles du roulis et du tangage orientent le solide respectivement de droite à gauche et de l'avant à l'arrière. Lorsque les deux sont nuls, le solide est alors en position verticale. Si au moins un de ces deux angles atteint la valeur de 90°, il est alors en position horizontale.

2.3.3. Analyse des résultats

Notre analyse est présentée ici pour le cas d'un mouvement désiré simple, mais dont les résultats sont très représentatifs des différents comportements qui ont pu être observés. Il s'agit de deux allers-retours en rotation en tangage ; un vers l'arrière, puis un autre vers l'avant. Le présent paragraphe propose donc d'étudier ce mouvement afin d'analyser la façon dont le robot répond à la commande. Ces mouvements étant réalisés à la main, il sera tout à fait normal de noter certaines irrégularités dans l'évolution des valeurs d'angles. Logiquement, il est possible de pronostiquer les résultats à l'avance au niveau de l'évolution des angles de Cardan.

- Sur l'angle du roulis : les courbes représentant l'évolution de ces valeurs devraient logiquement rester proches de zéro puisque les rotations ne sont effectuées que sur l'angle du tangage.
- Sur l'angle du tangage : ses valeurs pour la commande comme pour l'organe terminal devraient augmenter puis diminuer dans un sens puis dans l'autre (voir Figure 2.28).
- Sur l'angle du lacet : ses valeurs devraient globalement rester constantes et proches de zéro comme pour l'angle du roulis.

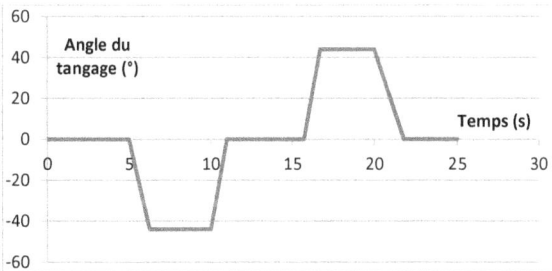

Figure 2.28. Evolution attendue de l'orientation du joystick du robot ESTELE.

Le graphique de la Figure 2.29 présente les valeurs des angles de Cardan de la commande du robot ESTELE durant le mouvement manuel décrit plus haut. L'évolution de ces angles confirme nos premières attentes. On observe effectivement que les angles du roulis et du lacet

45

restent globalement constants au cours du temps. L'angle du tangage quant à lui, présente une évolution qui décrit bien un aller-retour vers l'arrière puis vers l'avant.

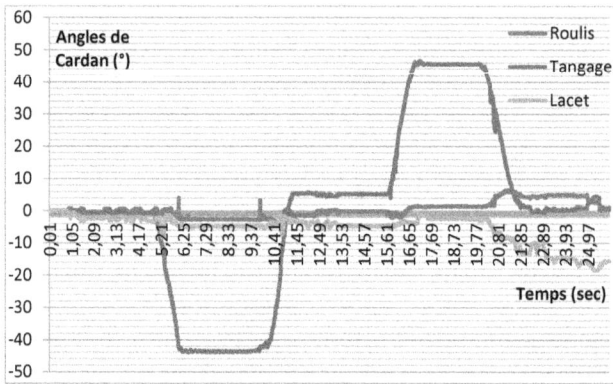

Figure 2.29. Evolution mesurée de l'orientation du joystick du robot ESTELE.

En principe, nous devrions nous attendre au même comportement de la part de l'organe terminal du robot. L'évolution de l'angle du tangage de ce dernier ressemble effectivement à celle de la commande comme le montre la Figure 2.30. Pourtant, on note des erreurs en orientation non négligeables. A la fin de la première rotation (environ 7 secondes), la commande est orientée à environ 44° vers l'arrière. L'organe terminal du robot suit ce mouvement mais n'atteint qu'environ 31° ; ce qui représente un écart de 13°. A la fin du premier aller-retour, le joystick et l'organe terminal reviennent globalement en position centrale (environ 13 secondes). Là encore, on observe un écart de 12° entre les deux (respectivement 5° et 17°). Curieusement, cette erreur est largement réduite à la fin du second aller-retour (moins de 4°).

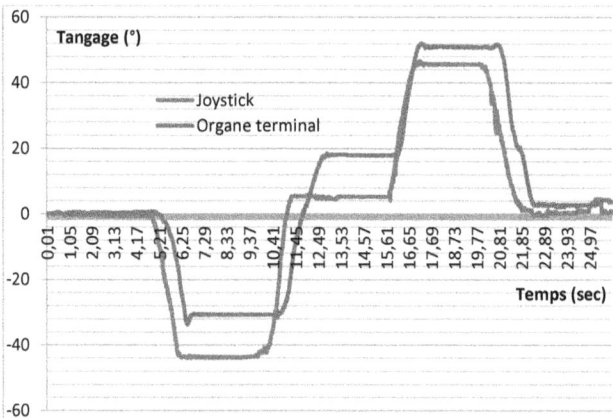

Figure 2.30. Comparaison du tangage entre le joystick et de l'organe terminal du manipulateur.

Les deux autres angles connaissent des variations qui ne correspondent pas à leurs homologues issus de la commande. La Figure 2.31 montre que le roulis de l'organe terminal, qui devrait logiquement rester constant, augmente jusqu'à environ 20° puis revient vers sa valeur initiale avec une erreur de 5° par rapport à la commande. Il s'agit donc d'un aller-retour en rotation vers la droite. Ce mouvement coïncide avec celui sur le tangage. Le même comportement peut être constaté au moment du second aller-retour sur le tangage.

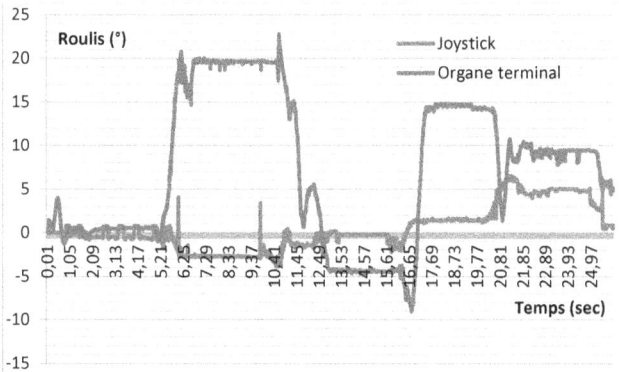

Figure 2.31. Comparaison du roulis entre le joystick et de l'organe terminal du manipulateur.

Ces résultats indiquent que l'organe terminal du manipulateur subit des écarts de trajectoires par rapport au joystick lors de ses mouvements. La Figure 2.32 montre que cet organe terminal dévie par rapport à la trajectoire normalement imposée par la commande.

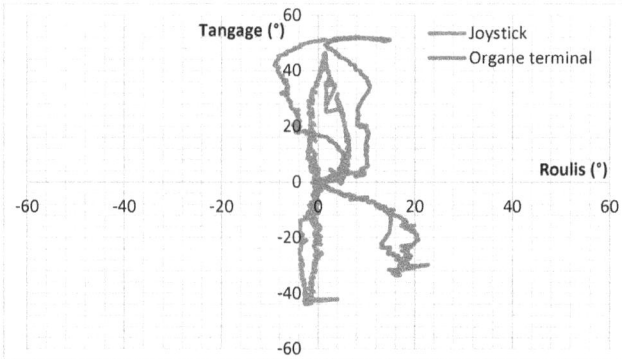

Figure 2.32. Comparaison des trajectoires en coordonnées polaires entre le joystick et de l'organe terminal du manipulateur.

L'angle du lacet semble subir moins d'erreur en orientation que les autres. Cette erreur reste globalement inférieure à 5°. Cependant, il subit de brusques écarts ponctuels. Le graphique de la Figure 2.33 comparant le lacet de la commande à celui de l'organe terminal met en évidence ce comportement. Ici, on peut observer une grosse oscillation autour de la valeur -5° et allant de -45° à 35°. Ceci représente une variation d'environ 80° en moins d'une demi-seconde alors que la commande reste constante. En comparant ce graphique à ceux qui présentent l'évolution des autres angles, on constate que cette oscillation apparait au moment où les angles du roulis et du tangage de l'organe terminal changent de signe. Il passe donc par sa position centrale. Or, nous savons, compte tenu de l'architecture du robot, qu'il s'agit d'une position singulière.

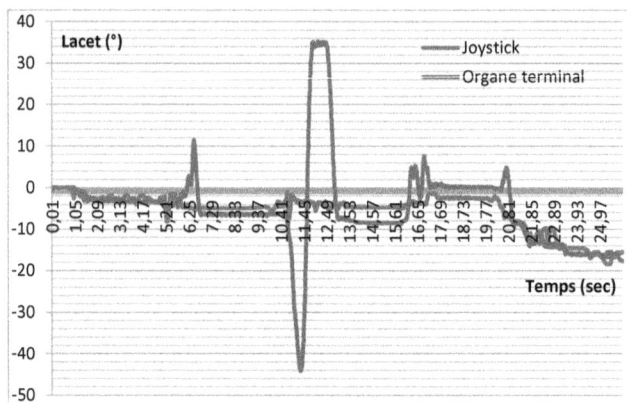

Figure 2.33. Comparaison du lacet entre le joystick et de l'organe terminal du manipulateur.

2.3.4. Interprétation du comportement du robot ESTELE

L'analyse du comportement du robot ESTELE est présentée à travers l'illustration d'un mouvement simple à réaliser : un aller-retour vers l'arrière puis vers l'avant. On notera que des irrégularités au niveau du suivi de trajectoire ont été constatées malgré la simplicité du mouvement. Les Figure 2.31 et Figure 2.32 montrent clairement que l'organe terminal du manipulateur ne s'oriente pas dans la bonne direction. A priori, les erreurs en orientation ne constituent pas un réel problème pour les médecins. En effet, ils ne cherchent pas à orienter une sonde d'échographie en fonction de son orientation initiale mais plutôt en fonction de l'image échographique qu'ils observent. En fonction de ce qu'ils voient, ils savent dans quelle direction aller. En conséquence, le fait que le joystick soit orienté de 5° vers la gauche et l'organe terminal de 8° à gauche par exemple, ne semble aucunement déranger le médecin. En revanche, si le manipulateur ne suit pas la trajectoire instruite et part dans une autre direction, alors l'évolution de l'image résultante ne correspond pas au mouvement réalisé par le médecin.

Les erreurs de trajectoire les plus anormales ont été observées sur l'orientation propre de l'organe terminal. Malgré une erreur angulaire relativement acceptable, celui-ci subit régulièrement de larges et rapides variations qui ne correspondent pas au mouvement du joystick. Et les conséquences de telles perturbations sont plus graves puisque c'est la rotation propre qui entraîne une plus grande variation de la coupe d'échographie. L'image échographique tourne alors autour de son axe vertical ; ce qui a pour effet de perdre temporairement l'élément que le médecin souhaite observer. Ce phénomène s'explique par la présence d'une singularité au centre de l'espace de travail du robot. Le manipulateur a en effet une infinité de configurations possibles lorsque son organe terminal est au centre. Les axes 1 et 3 du robot sont alors confondus.

L'ensemble de ces comportements a également été observé dans les autres enregistrements réalisés lors de nos expérimentations sur le robot.

Courrèges avait travaillé sur ce problème en n'autorisant le mouvement que d'un seul des axes 1 et 3 (axes concourants) en position singulière et en limitant le mouvement d'un axe par

48

rapport à l'autre en approche d'une position singulière [Courrèges 03]. Une erreur maîtrisée est alors imposée sur l'orientation de l'organe terminal du robot. Al Bassit a proposé d'éviter la position singulière en imposant une légère rotation autour d'un axe normal au plan d'échographique [Al Bassit 05]. Cette méthode permet de maintenir dans le plan ultrasonore tous les éléments observés.

2.4. Spécification des besoins dimensionnels du système de télé-échographie

Au vu des résultats obtenus par l'analyse du geste expert et de l'étude du comportement du robot ESTELE, il est possible d'établir les pré-requis dimensionnels pour la réalisation du système de télé-échographie. Les résultats de ces expérimentations ont été présentés à l'ensemble des partenaires du projet et principalement aux membres de l'équipe médicale. Ceux-ci ont été interprétés et ont servi de référence pour la rédaction du cahier des charges.

Le manipulateur robotisé doit être capable de maintenir et d'orienter une sonde d'échographie autour d'un point. Cette sonde doit être orientée de façon à pouvoir atteindre toutes les positions d'un espace de travail défini en orientation. D'après nos analyses, cet espace de travail a la forme d'un cône de demi-angle au sommet égal à 45°. La cinématique du robot ESTELE a été dimensionnée par cette même valeur. Suite aux discussions avec le personnel médical du projet, cette valeur a été réduite à 35°. Les médecins ont effectivement estimé que cette inclinaison maximale était largement suffisante pour l'exploration de l'ensemble des organes pour les examens de routine. Les organes requérant, selon nos analyses, une inclinaison supérieure peuvent être examinés en déplaçant le centre de rotation du poignet sphérique. Il y a donc plusieurs façons d'explorer une zone ou un organe.

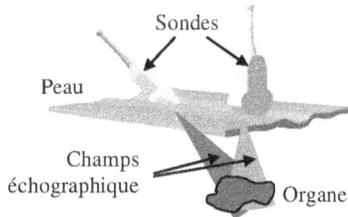

Figure 2.34. Méthodes d'observation échographique d'un organe choisi.

De ce fait, les médecins ont indiqué qu'ils sacrifieraient volontiers un peu d'amplitude de mouvement pour obtenir un robot plus compact, plus léger et donc plus facile à transporter et à manipuler. Les mesures ont permis de mettre en évidence le fait que les médecins, au cours de leurs examens, inclinaient souvent la sonde échographique dans la même direction. Or, ces derniers ont préféré que cette inclinaison puisse être effectuée dans toutes les directions. Ainsi, il ne sera pas nécessaire pour l'assistant médical de pré-orienter le robot dans la direction adéquate. Les médecins ont également signalé que la gestion de la rotation propre de la sonde étant un facteur très important pour l'examen. Nos analyses ont révélé qu'il s'agissait effectivement de l'angle le plus sollicité. La rotation propre de l'organe terminal doit donc faire l'objet d'une attention particulière et doit avoir une amplitude très large. Cette amplitude a été fixée à 360°.

Le manipulateur doit également permettre à l'opérateur (le médecin) d'exercer une force contrôlée sur le patient. Selon nos observations, la sonde d'échographie est constamment enfoncée de quelques centimètres sur le corps du patient. Il est parfois nécessaire au médecin de plus ou moins relâcher cette pression exercée si le patient manifeste une réaction à la douleur ou au contraire de l'augmenter si la netteté de l'image diminue. Le manipulateur doit donc pouvoir translater son organe terminal dans l'axe longitudinal de la sonde d'échographie. Les médecins ont estimé à 30 N la force maximale à exercer et à 30 mm l'amplitude de translation de l'organe terminal.

Le Tableau 2.1 résume l'ensemble des données chiffrées du cahier de charge du manipulateur robotisé.

Poignet sphérique						Organe terminal	
Espace de travail (°)			Vitesses angulaires (°/sec)			Force	Translation
ψ [0;360]	θ [0;35]	φ [0;360]	φ_1 [0;25]	φ_2 [0;25]	φ_3 [0;30]	30 N	30 mm

Tableau 2.1. Spécifications dimensionnelles du manipulateur.

Conclusion

Le geste médical a été analysé afin d'apporter des données importantes aux spécifications du système de télé-échographie à réaliser. Les expérimentations nécessaires à cette analyse ont été réalisées avec la collaboration de l'équipe du Professeur Arbeille du CHU de Tours. Les résultats semblent différer légèrement de ceux qu'avait obtenus Al Bassit avec le FoB. Mais cette différence s'explique par l'expert-dépendance du geste médical qui le rend très influençable par l'expérience personnelle de l'expert qui le réalise.

Ce travail a permis de définir les proportions de l'espace de travail ainsi que les vitesses angulaires que le futur robot doit être capable de fournir pour réaliser une échographie télé-opérée. Pour la définition de l'espace de travail, un compromis entre l'amplitude de mouvement et les dimensions du futur robot a été établi. Le but est de réduire la taille de la structure et de la rendre plus pratique à l'utilisation.

Le robot ESTELE est actuellement utilisé dans plusieurs centres hospitaliers de France ; dont celui de Tours. L'étude de son comportement et de sa capacité à répondre fidèlement aux instructions de trajectoire a mis en évidence plusieurs défauts. Ces aspects feront l'objet d'une attention particulière lors de la conception du nouveau système. N'ayant pas eu accès au programme de contrôle du robot, les erreurs de trajectoire que nous avons pu constater n'ont malheureusement pas trouvé d'explications techniques. On peut soupçonner un sous-dimensionnement des moteurs ou un défaut de synchronisation de l'un d'entre eux. La singularité centrale s'avère particulièrement gênante pour l'examen.

L'ensemble des résultats présentés dans ce chapitre a été utilisé comme support quantitatif et qualitatif pour la constitution du cahier des charges du futur système de télé-échographie. Pour finir, ces expérimentations ont permis à l'équipe WP3 de se familiariser avec les problématiques du système Vicon Nexus pour d'autre utilisation comme l'analyse du geste en chirurgie mini-invasive ou l'évaluation de la précision d'autres systèmes (interface haptique).

CHAPITRE 3. Conception et mise en œuvre d'une nouvelle interface haptique

Résumé :

L'ensemble des travaux effectués pour la réalisation de l'interface haptique est illustré dans ce chapitre. En premier lieu, la conception mécanique de l'ancien dispositif conçu lors de travaux antérieurs est présentée, suivie par les améliorations apportées. L'instrumentation nécessaire à la détection de mouvement, au contrôle et retour d'effort et à la communication entre cette interface et un poste informatique y est également détaillée. La mise en œuvre de cette interface haptique a nécessité un travail de programmation dont les détails sont présentés ici. Une étude des méthodes d'estimation d'attitude a conduit à l'implémentation d'un filtre de Kalman qui a été modifié de la littérature pour la présente application. Pour finir, des expérimentations à l'aide du système de capture de mouvement ont été menées pour évaluer la fiabilité de cette méthode.

Sommaire :

Introduction

Un point important du projet ANR-PROSIT est la conception et la mise en œuvre d'une interface de commande pour le contrôle du robot de télé-échographie. Ce dispositif doit permettre le contrôle à distance du robot qui manipule la sonde d'échographie. Il s'agit d'une interface haptique. Le terme haptique vient du mot grec « haptomai » (ἅπτομαι) qui signifie « je touche ». Les interfaces haptiques sont effectivement connues pour simuler à leur utilisateurs les mêmes sensations de la tâche qu'ils cherchent à réaliser à distance ; en télé-opération. Dans notre application, l'objectif est de donner à un médecin réalisant une télé-échographie la même sensation kinesthésique que s'il réalisait cette tâche en vis-à-vis avec le patient. La nature de cet objectif a largement influé les choix arrêtés lors de notre démarche de conception.

Une grande partie de la réalisation de cette interface haptique est basée sur un travail de conception. Cependant, la stratégie de contrôle de ce dispositif a fait l'objet d'une étude sur les méthodes d'estimation d'attitude utilisées principalement pour le contrôle de drones aériens. Cet axe d'investigation a été choisi en raison du type d'instrumentation embarquée qui présente de grandes similitudes avec la thématique mentionnée.

La stratégie retenue ici est basée sur l'utilisation d'un Filtre de Kalman, qui est régulièrement utilisé pour la fusion de données entre des gyroscopes et des accéléromètres. Cet outil est aussi largement utilisé pour beaucoup d'autres types de problématiques. Des simulations sous Matlab ont cependant révélé un comportement qui pourrait être amélioré pour notre application. Ce filtre a donc été modifié de la littérature puis programmé et validé via le système de capture de mouvement que nous avons présenté au préalable.

3.1. Cahier des charges de la partie maître du système

Les spécifications de l'interface haptique à réaliser ont été établies en étroite collaboration avec les partenaires du projet ANR-PROSIT. Elles s'appuient sur des besoins exprimés par les personnels de santé mais aussi principalement sur un retour d'expérience des médecins de l'équipe du Pr. Arbeille. En effet, ils utilisent régulièrement le système ESTELE pour la télé-échographie depuis 2007. La première mission du groupe WP3 (Conception mécanique et simulations) qui consistait à effectuer une campagne de mesures sur le geste expert, devait également contribuer à recueillir des données chiffrées pour le cahier des charges de l'interface haptique. Plusieurs points importants ont été identifiés ; ils sont détaillés ci-dessous.

3.1.1. Concept général

Le choix d'une interface haptique pour le contrôle d'une tâche télé-opérée est le plus souvent motivé par une volonté de conférer à l'opérateur la meilleure immersion. On parle de transparence du système. Ce critère évalue l'influence de l'interface sur les aspects cinématiques (mouvements) et sensitifs de l'opérateur. Plus cette influence est réduite, plus l'interface est transparente. L'opérateur a alors l'impression de réaliser sa tâche en vis-à-vis.

Pour l'heure, le contrôle de la plupart des robots de télé-échographie n'est pas très intuitif. Leur système de commande étant souvent basé sur des joysticks, l'opérateur doit adopter la gestuelle nécessaire à une bonne interaction avec l'interface. Or, les médecins nous ont signalé qu'un opérateur utilisant un de ces systèmes pour la première fois, avait souvent besoin d'un délai pour s'y adapter. En général, ce délai peut être réduit suite à une période de pratique sur le même système. Mais une première impression marquée par une utilisation difficile peut considérablement réduire l'appréciation du médecin quant à l'utilité du système.

Il a donc été choisi de réaliser une interface haptique dont la structure permettra à l'opérateur de contrôler le robot distant tout en effectuant les mêmes gestes qu'il effectuerait pour un examen d'échographie classique. Pour conférer au système une telle transparence, le concept d'une interface à structure libre et ayant le même aspect qu'une sonde d'échographie a été retenu. Le médecin pourra ainsi télé-échographier un patient en ayant l'impression de manipuler une vraie sonde d'échographie.

3.1.2. Détection de mouvement

L'interface haptique doit être capable de détecter les mouvements qui lui sont imposés par l'opérateur. L'analyse du geste d'un médecin réalisant une échographie a montré que les mouvements effectués étaient principalement des rotations autour d'un point. Ce point est localisé dans la zone de contact entre la sonde d'échographie et la peau du patient. Il s'agit d'un poignet sphérique. Cette interface haptique doit donc être capable de détecter des mouvements de rotations. Les résultats de la campagne de mesure ont également montré que la vitesse angulaire durant l'examen d'échographie ne dépassait pas 40°/s. Cette valeur sera prise en compte lors du choix du type d'instrumentation.

La solution proposée pour le concept limite les possibilités de choix en matière d'instrumentation dédiée à la détection de mouvement. Par exemple, cette interface à structure libre n'étant liée à aucun support, il n'est pas possible d'avoir recours à l'intégration de potentiomètres comme c'est souvent le cas. Une interface haptique libre a été conçue pour le contrôle des robots OTELO [Mourioux 05]. La détection de mouvement était alors assurée par un système FoB, basé sur les interactions magnétiques. Cette technologie est très efficace et permet de déterminer les coordonnées d'un objet dans l'espace ainsi que son orientation. Cependant, ce type de système s'avère coûteux (environ 2 000 € l'unité). Les partenaires médicaux du projet ont clairement demandé une alternative moins coûteuse et plus compacte.

3.1.3. Retour d'effort

Le retour d'effort est devenu une caractéristique de plus en plus incontournable en robotique médicale en raison de la nature tactile des tâches effectuées par les médecins. Pour une tâche télé-opérée, le médecin doit pouvoir indiquer au système la force qu'il souhaite appliquer. Il doit également savoir s'il touche un organe et dans quelles proportions.

Dans notre application, le fait d'appliquer un effort contrôlé sur le patient et de ressentir la réaction de ce que l'on touche est une spécification qu'il faut impérativement respecter. Il apparaît de nos observations en milieu hospitalier que le médecin exerce une pression importante sur le patient. Il y a plusieurs raisons à l'application de cette force. En premier lieu, la pression exercée par la sonde d'échographie sur le patient permet d'assurer le contact sonde/patient mais surtout de maintenir la netteté de l'image échographique. Le médecin peut aussi utiliser cette force pour déplacer un organe afin de l'écarter du champ ultrasonore et avoir un visuel sur un autre organe. Enfin, en plus de pouvoir contrôler l'effort à appliquer, il est important de retransmettre à l'opérateur une sensation de réaction du corps du patient distant par rapport à cet effort.

3.2. Conception mécanique de l'interface haptique

La toute première version de prototype d'interface haptique avait été conçue par Chaker [Chaker 09]. Plus tard, un certain nombre d'améliorations y ont été apportées. Les modifications au niveau de son instrumentation embarquée ont imposé une révision de sa structure et de son aménagement interne.

3.2.1. Présentation de l'ancien dispositif

Ce dispositif à structure libre permet une bonne transparence avec un encombrement et une inertie minimale. Sa structure lui confère un aspect identique à celle d'une sonde d'échographie classique et lui permet d'accueillir les instruments de mesure dédiés à la détection de mouvement : un accéléromètre tri-axes et un gyroscope mono-axe. Un système actif de retour d'effort y est également intégré. Cette interface haptique peut mesurer la force exercée par l'opérateur à l'aide d'un capteur d'effort et accompagner son mouvement en translation ou au contraire s'y opposer grâce à un motoréducteur. Une transmission via un système de vis à billes permet au motoréducteur d'animer une liaison glissière.

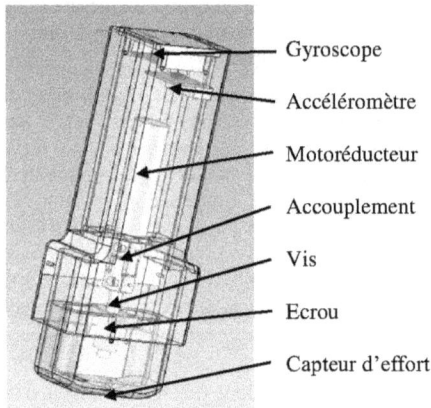

Gyroscope
Accéléromètre
Motoréducteur
Accouplement
Vis
Ecrou
Capteur d'effort

Figure 3.1. CAO de l'interface haptique [Chaker 09].

Globalement, ce dispositif est composé de trois parties distinctes. La partie supérieure est un bloc prismatique qui confère à l'ensemble l'aspect d'une sonde d'échographie. Cette pièce permet la fixation du motoréducteur ainsi que le logement des instruments de détection de mouvement. La partie inférieure est la partie mobile de l'ensemble. Cette pièce est mise en mouvement de translation par rapport à la partie supérieur grâce au motoréducteur. Elle accueille le capteur d'effort. La troisième et dernière partie du dispositif est composée de deux petites pièces qui servent de support à l'accéléromètre et au gyroscope. Elles se fixent à l'intérieur de la partie supérieure.

Le système de retour d'effort est irréversible ; c'est-à-dire que la translation au niveau de la liaison glissière de cette interface ne peut s'effectuer que par la mise en mouvement de l'actionneur. La vitesse de cet actionneur est calculée en fonction de la différence entre l'effort appliqué par l'opérateur sur l'interface et l'effort exercé par le robot sur le patient. Cette vitesse est donc nulle lorsque ces deux efforts sont identiques. Quand l'opérateur applique un effort sur l'interface haptique, l'erreur entre les efforts maître et esclave augmente. L'actionneur côté maître est activé pour accompagner le mouvement de l'opérateur et lui donner une impression d'enfoncement. Côté esclave, un actionneur est également activé pour réduire l'erreur entre les deux efforts. Cette erreur diminue alors et réduit la vitesse de l'actionneur côté maître. Le système étant irréversible, ce ralentissement oppose à l'opérateur une résistance à son mouvement vertical.

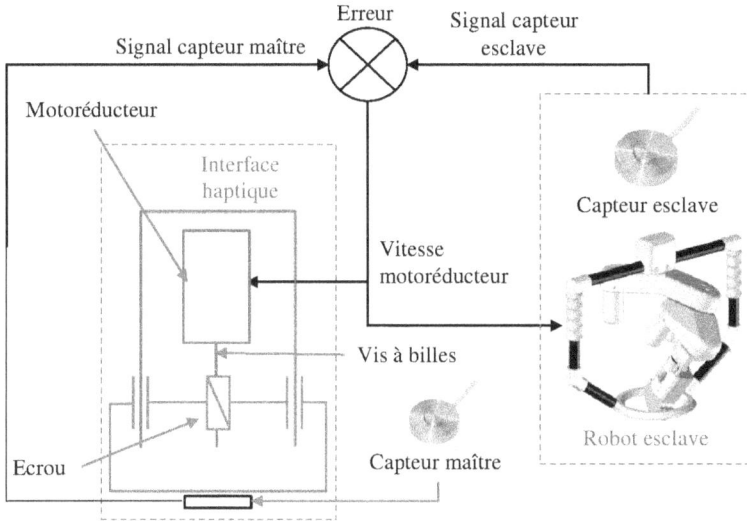

Figure 3.2. Nouveau système de transmission.

Cependant, compte tenu des dimensions internes de l'interface haptique et des performances des motoréducteurs proposés par les différents fournisseurs, aucune solution à jour ne permet l'actionnement de la liaison glissière suivant des dynamiques comparables à celles d'un opérateur humain. Les travaux d'intégration et d'implémentation du système de contrôle et retour d'effort ont été poursuivis afin de pouvoir contrôler l'effort appliqué par le robot distant.

3.2.2. Contributions apportées pour une nouvelle version

Afin de détecter des mouvements d'un objet libre dans l'espace, on utilise une centrale inertielle. Elle combine les informations mesurées par un ensemble d'accéléromètres et de gyroscopes. Chaker avait prévu d'utiliser les mêmes instruments. L'accéléromètre est de type tri-axe ; le gyroscope mono-axe ne fournit que des informations suivant un axe. Pour obtenir une redondance d'informations permettant une meilleure estimation de mouvement, il a été choisi d'y ajouter deux autres gyroscopes sur les deux autres axes du dispositif. Il a donc fallu revoir son aménagement interne en ajoutant deux autres supports pour orienter les deux nouveaux gyroscopes suivant les derniers axes. L'espace disponible à cet effet n'étant pas suffisant, il a été choisi de retourner le support du gyroscope (a), de modifier celui de l'accéléromètre (b) et d'en créer deux autres (c-d) (voir Figure 3.4).

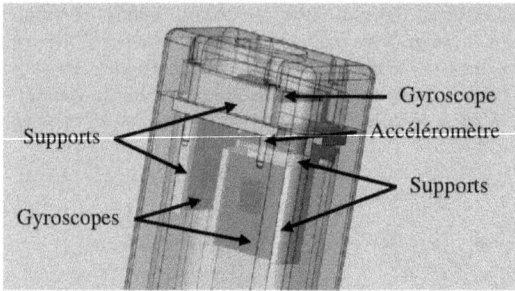

Gyroscope

Accéléromètre

Supports

Supports

Gyroscopes

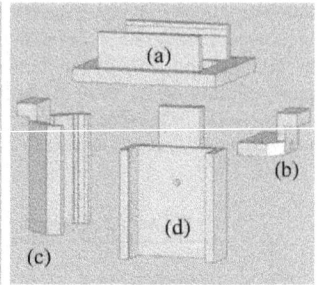

(a)

(b)

(c)

(d)

Figure 3.3. Aménagement interne des instruments de mesure (en rouge).

Figure 3.4. Supports réutilisé (a), modifié (b) et fabriqués (c-d).

Le capteur d'effort intégré à la partie basse mesure l'effort entre l'interface haptique et le support (bureau, table…). Cependant, ce capteur n'est plus en contact avec le support lorsque le dispositif est incliné. Pour assurer ce contact en inclinaison, un couvercle d'appui a été conçu et fabriqué. Il permet de transférer la pression exercée en n'importe quel point de sa surface vers le capteur. Afin de pouvoir régler la position de ce couvercle, un système à vis a été mis en place. Il permet d'éliminer le jeu présent entre le capteur d'effort et le couvercle.

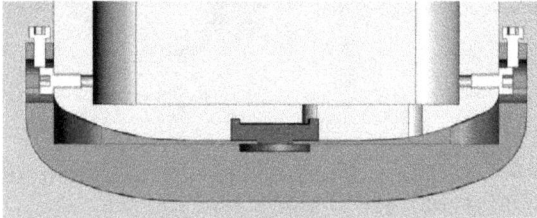

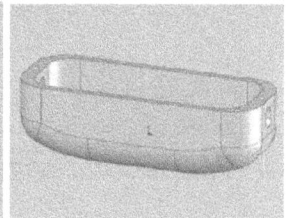

Figure 3.5. Aménagement du capteur d'effort (en rouge) et du couvercle d'appui (en vert).

Figure 3.6. Couvercle d'appui.

Le système de transmission a été revu. Il avait été prévu d'utiliser un accouplement entre l'arbre du moteur (en noir) et la vis à billes (en vert). Désormais, un manchon (en bleu) assure la transmission entre ces deux éléments. Il est bloqué par une butée à billes (en rouge) pour encaisser les efforts axiaux. L'écrou (en jaune) est fixé à la partie mobile de l'interface haptique et convertit les rotations de la vis à billes en mouvement de translation.

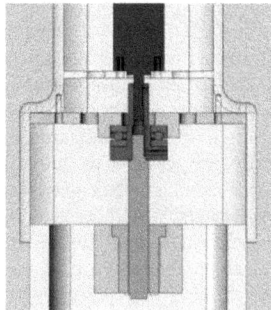

Figure 3.7. Nouveau système de transmission.

3.3. Equipement embarqué et mise en œuvre électronique

Cette interface haptique a été conçue pour transmettre des instructions à un robot distant. Ces instructions dépendent des données qu'elle mesure grâce à son instrumentation embarquée. Pour cela, plusieurs instruments ont été installés. Il faut également assurer la communication entre cette interface haptique et le poste informatique de l'opérateur.

3.3.1. Instrumentation dédiée à la mesure

Pour détecter les mouvements effectués par l'interface haptique, une centrale inertielle a été intégrée au dispositif. Celle-ci est composée d'un accéléromètre trois axes et de trois gyroscopes mono-axe. Ces éléments se présentent sous la forme de petites cartes électroniques composées chacune d'un circuit imprimé sur lequel est fixé un microsystème électromécanique appelé MEMS (MicroElectroMechanicalSystem).

3.3.1.1. Gyroscope

Les gyroscopes permettent de mesurer la vitesse angulaire qu'ils subissent autour d'un axe défini (en général normal par rapport au MEMS). Leur miniaturisation a été rendue possible par l'absence d'éléments rotatifs que l'on retrouve chez les gyroscopes mécaniques. Ces derniers sont très souvent utilisés en aéronautique sous le nom d'horizon artificiel. Ceux utilisés ici déterminent la vitesse angulaire en mesurant la différence d'énergie entre deux types de vibrations, toutes deux issues de l'accélération de Coriolis. Le premier type (mode actif) correspond à un mode de résonance d'un corps élastique qui est maintenu en oscillation d'amplitude connue. Le second mode de résonance (mode passif) est sollicité par la force de Coriolis lorsque l'appareil est en rotation. La force de Coriolis agit alors sur la masse en mouvement.

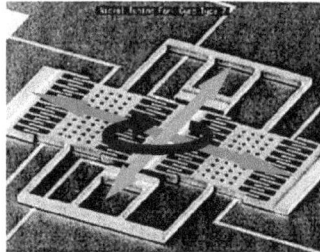

Vibrations du mode actif

Vibration du mode passif

Vibration du mode passif

Figure 3.8. Structure d'un gyroscope électronique [Bogue 07].

La vitesse de transfert d'énergie du mode actif au mode passif est utilisée pour estimer la vitesse rotation du gyroscope. Ici, nous utilisons le gyroscope mono-axe MLX-90609 de Melexis. Il peut détecter de vitesses de rotation allant jusqu'à 300°/s.

Figure 3.9. Gyroscope MLX-90609 de Mexelis [Roboshop, www].

3.3.1.2.   Accéléromètre

Les accéléromètres sont conçus pour indiquer les composantes du champ d'accélération qu'ils mesurent dans leur propre repère. Ils mesurent les mouvements subis par une masse mise en oscillation et suspendue par des ressorts. La tension mesurée sur les ressorts est proportionnelle à l'accélération subie. Au repos ou pour des mouvements de faible dynamique, l'accélération détectée est liée au champ gravitationnel (de direction normale au sol), ce dispositif mesure alors sa propre inclinaison. Pour cette raison, ils sont souvent appelés « inclinomètres ».

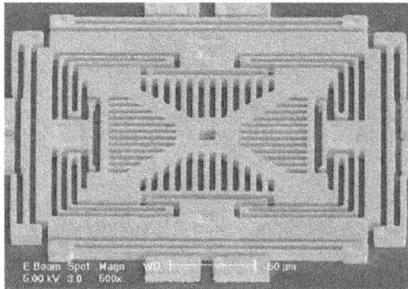

Figure 3.10. Structure d'un accéléromètre électronique [SensorsMag, www].

Ici, nous avons opté pour le modèle LIS3LV02DQ de ST Microelectronics. Cet accéléromètre tri-axes peut mesurer jusqu'à 6g d'accélération sur les trois axes de son propre repère.

Figure 3.11. Accéléromètre LIS3LV02DQ de ST Microelectronics [Roboshop, www].

58

3.3.2. Instruments dédiés à la mesure de l'effort

Un système actif de retour d'effort a été intégré à l'interface haptique. Il est composé d'un capteur d'effort qui mesure la force appliquée par l'opérateur et d'un moteur pour accompagner son mouvement ou bien pour s'y opposer.

Le capteur d'effort choisi ici est de type résistif. De par sa déformation, la résistance qu'il oppose au courant électrique qui le traverse est modifiée. Ce qui permet à la chaîne d'acquisition à laquelle il est relié d'estimer l'effort en compression qu'il subit. Dans notre application, nous souhaitons mesurer l'effort en compression entre l'interface haptique et son support. Un capteur de force miniature XFL-212R a été sélectionné à ces fins. Il dispose d'une étendue de mesure de 0 à 50 N. Il a une forme de pastille de 12,5 mm de diamètre et de 3,5 mm d'épaisseur. L'amplification du signal analogique qu'il délivre est assurée par un amplificateur de signal XAM-MV-CP.

Figure 3.12. Capteur de force XFL-212R
[MeasSpec, www].

Figure 3.13. Amplificateur XAM-MV-CP
[MeasSpec, www].

3.3.3. Outil de communication

Les instruments et équipements embarqués dans l'interface haptique sont divers et requièrent donc des modes de communication différents. On compte deux chaînes de communication distinctes : la chaîne de détection de mouvement qui assure la communication avec les instruments de la centrale inertielle et la chaîne de contrôle d'effort qui permet la lecture du signal d'effort et le contrôle du motoréducteur. La communication physique entre le poste informatique et l'interface haptique, ainsi que le conditionnement des signaux se font par l'intermédiaire d'un boîtier qui accueille les différents éléments prévus cet effet.

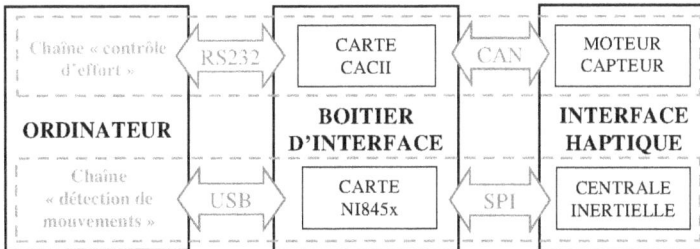

Figure 3.14. Chaînes de communication de l'interface haptique.

La Figure 3.14 présente un schéma de ces chaînes. Le boîtier contient principalement deux cartes d'acquisition qui assurent chacune la gestion d'une chaîne de communication.

3.3.3.1. Chaîne de communication « détection de mouvement »

La chaîne de détection de mouvement est gérée par une carte d'acquisition qui permet de communiquer avec les trois gyroscopes et l'accéléromètre via un protocole SPI (Serial Peripheral Interface). Cette carte d'acquisition de National Instrument de type NI-845x

59

dispose d'un bus SPI et I2C (Inter-Integrated Circuit). Elle est aussi capable de fournir une tension d'alimentation de 5V.

Figure 3.15. Carte d'acquisition NI-845x [NI, www].

Pour notre application, le protocole SPI est utilisé pour communiquer avec les instruments de la centrale inertielle. Ils sont connectés et alimentés en parallèle. Les détails du branchement et des conversions de signaux sont présentés en Annexe A1A1.

3.3.3.2. Chaîne de communication « retour d'effort »

La chaîne de contrôle doit permettre la communication avec un motoréducteur et un capteur d'effort. Pour gérer ces éléments, on utilise une carte d'axe CACII développée par l'Institut PPRIME. Elle dispose d'entrées/sorties permettant la gestion de plusieurs types éléments : motoréducteurs, potentiomètres, capteurs de fin de course... Elle est également équipée d'un port série de type UART (Universal Asynchronous Receiver/Transmitter) pour communiquer avec un poste informatique.

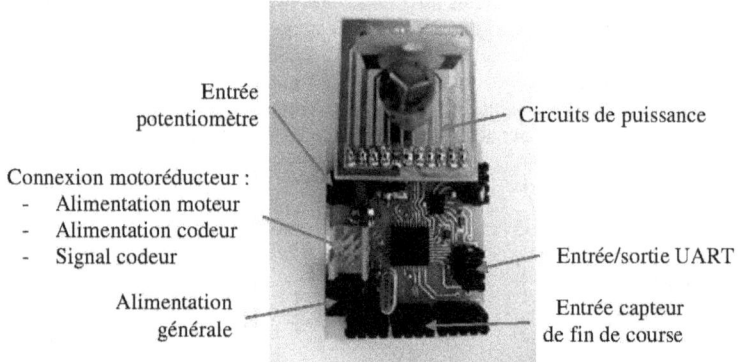

Figure 3.16. Carte de contrôle d'axe CACII.

Le capteur d'effort étant de type résistif, son fonctionnement est proche de celui d'un potentiomètre. Il suffit de l'alimenter sous la tension qui convient et de récupérer le signal qu'il génère. On utilise donc, pour le connecter, l'entrée initialement prévue pour un potentiomètre. Une conversion de tension est nécessaire pour alimenter le capteur d'effort et pour recevoir son signal. Les détails sont présentés en Annexe A2.

3.4. Méthode d'estimation de l'attitude de la sonde fictive

L'objectif est d'obtenir en temps réel les mouvements de rotation de l'interface haptique. Dans la littérature, il est d'usage d'utiliser un filtre de Kalman pour obtenir une meilleure estimation d'attitude à partir des informations mesurées par une centrale inertielle.

3.4.1. Calcul de l'attitude de l'interface haptique via la centrale inertielle

Afin d'estimer l'attitude de l'interface haptique, on utilise les mesures faites par une centrale inertielle composée de trois gyroscopes mono-axe et d'un accéléromètre trois-axes. Respectivement, ces instruments de mesure donnent les variations angulaires mesurées autour de trois axes et les composantes de l'accélération mesurée dans son repère. A chaque pas de temps, les valeurs suivantes sont envoyées : $d\varphi_1$, $d\varphi_2$ et $d\varphi_3$ (variations angulaires), et Γ_X, Γ_Y et Γ_Z (composantes du vecteur accélération). Les instruments sont installés de sorte que leurs axes correspondent à ceux du repère lié à l'interface haptique. Ainsi, l'ensemble permet de calculer à partir de deux sources différentes (gyroscopes et accéléromètre) les angles de rotations propres, c'est-à-dire les angles de rotation autour des axes de l'interface haptique.

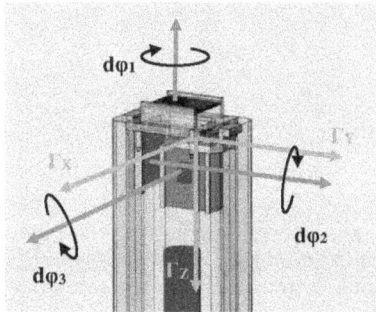

Figure 3.17. Informations données par les instruments de mesure.

A partir des gyroscopes, on obtient à chaque instant la variation angulaire autour de leur axe respectif. Pour calculer l'angle de rotation propre, on procède par intégration. On initialise cet angle à 0 à la première acquisition puis on lui ajoute la variation angulaire mesurée par le gyroscope et convertie sur la période d'échantillonnage du système notée dt. A l'instant t, les angles φgyr_X, φgyr_Y et φgyr_Z s'obtiennent par la formule suivante :

$$\varphi gyr_{k_t} = \varphi gyr_{k_{t-1}} + d\varphi_{k_t} * dt \qquad (3.1)$$

Avec k = X, Y ou Z. Avec l'accéléromètre, on peut calculer les rotations propres φacc_X, φacc_Y et un autre angle φacc_Z. On utilise les composantes normées Γ_{nX}, Γ_{nY} et Γ_{nZ} du vecteur accélération et la fonction atan2 comme précisé ci-dessous :

$$\varphi acc_k = atan2(\Gamma_{nk}, \Gamma_{nZ}) \qquad (3.2)$$

Avec k = X ou Y. L'angle φacc_Z se détermine par la formule :

$$\varphi acc_Z = atan2(\Gamma_{nY}, \Gamma_{nX}) \qquad (3.3)$$

Contrairement aux deux autres, cet angle ne correspond pas à un angle de rotation propre mais à la direction dans laquelle est inclinée l'interface haptique ; cette direction est alors donnée dans le repère de l'instrument lui-même. Cependant, il sera utilisé plus tard pour calculer l'angle de lacet.

On choisit de caractériser l'attitude de l'interface haptique par trois rotations. On utilise par convention :

- Un angle autour de l'axe X_T du repère terrestre appelé « roulis »,
- Un angle autour de l'axe Y_T du repère terrestre appelé « tangage »,
- Un angle autour de l'axe Z_S du repère lié à l'interface haptique appelé « lacet ».

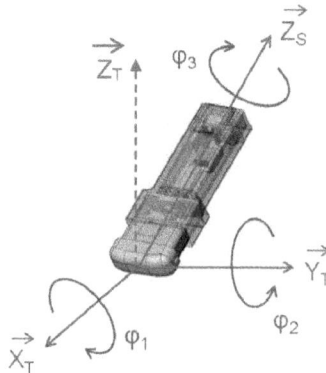

Figure 3.18. Angles de rotation de l'interface haptique.

Il est possible de calculer ces angles à partir des angles de rotation propre de l'interface haptique. On peut donc les calculer soit à partir des gyroscopes, soit à partir de l'accéléromètre. Pour les deux sources, la méthode est la même. Les angles de roulis et tangage sont obtenus à l'aide de la matrice de rotation autour de l'axe Z_S de l'interface.

$$\begin{bmatrix} \text{roulis}_{gyr} \\ \text{tangage}_{gyr} \end{bmatrix} = \begin{bmatrix} \cos \varphi gyr_Z & -\sin \varphi gyr_Z \\ \sin \varphi gyr_Z & \cos \varphi gyr_Z \end{bmatrix} * \begin{bmatrix} \varphi gyr_X \\ \varphi gyr_Y \end{bmatrix} \qquad (3.4)$$

Le lacet déterminé à partir des gyroscopes est égal à l'angle de rotation propre φgyr_Z.

$$\text{lacet}_{gyr} = \varphi gyr_Z \qquad (3.5)$$

A ce stade, il n'est pas possible de calculer l'angle de rotation propre de l'interface à partir de l'accéléromètre seul. Par conséquent, on utilise également la matrice de rotation autour de l'axe Z à partir des gyroscopes :

$$\begin{bmatrix} \text{roulis}_{acc} \\ \text{tangage}_{acc} \end{bmatrix} = \begin{bmatrix} \cos \varphi gyr_Z & -\sin \varphi gyr_Z \\ \sin \varphi gyy_Z & \cos \varphi gyr_Z \end{bmatrix} * \begin{bmatrix} \varphi acc_X \\ \varphi acc_Y \end{bmatrix} \qquad (3.6)$$

3.4.2. Utilisation et modification du filtre de Kalman

Il a été choisi d'implémenter un filtre de Kalman afin de fusionner les données issues des gyroscopes et de l'accéléromètre pour d'obtenir une meilleure estimation de l'attitude de l'interface haptique. Il est en effet d'usage d'utiliser cet outil pour exploiter au mieux les données émises par ce type d'instrumentation.

3.4.2.1.   Le filtre de Kalman classique

Le filtre de Kalman est un estimateur de type prédicteur-correcteur très efficace utilisé dans beaucoup d'applications. Pour la présente application, il s'agit d'utiliser les angles donnés par les gyroscopes pour la phase de prédiction et ceux donnés par l'accéléromètre pour la phase de correction. Le gain du filtre permet de déterminer lequel de ces deux instruments est le plus fiable. En effet, les instruments utilisés ici peuvent s'avérer imprécis sous certaines conditions. Les accéléromètres sont précis lorsqu'ils sont immobiles mais restent particulièrement sensibles aux effets dynamiques. Les gyroscopes eux, n'ont pas ce genre de problème mais le traitement de leurs données (intégrations) implique des dérives au cours du temps.

A l'instant t, la première étape consiste à déterminer la matrice de covariance sur l'erreur d'estimation.

$$P_t = FP_{t-1}F^T + Q \tag{3.7}$$

F est appelée la matrice de transition et Q la matrice de covariance sur le bruit. Celle-ci sert à indiquer le niveau de confiance accordée aux mesures de l'instrument concerné et à la méthode de calculs par la phase de prédiction. La covariance sur l'innovation est ensuite calculée.

$$s = H^T P_t H + r \tag{3.8}$$

Avec H = [1 0]^T. Où r est la covariance sur l'erreur de mesure. Dans la pratique, il s'agit d'un paramètre que l'utilisateur du filtre règle lui-même. Sa valeur indique le niveau de confiance qu'il accorde à la mesure de l'instrument concerné par la phase de correction. Le gain de Kalman peut ensuite être calculé. Il représente une pondération des niveaux de confiance entre les deux types d'instruments.

$$K = (P_t H)/s \tag{3.9}$$

Une mise à jour est ensuite effectuée sur la matrice de covariance sur l'erreur d'estimation.

$$P_{t+1} = (Id - KH^T)P_t \tag{3.10}$$

Id est la matrice identité. Puis, on calcule la différence entre les angles issus des gyroscopes (angle prédit) et de l'accéléromètre (angle mesuré). Cette valeur est appelée l'innovation, notée Inn.

$$Inn = \varphi gyr_K - \varphi acc_K \tag{3.11}$$

Avec K = X, Y ou Z. Dans notre cas, l'angle φ peut se référer au roulis ou au tangage. La dernière étape consiste à calculer l'angle estimé φest_K qui est assimilable à une moyenne pondérée entre une valeur prédite et une valeur mesurée. Cette pondération est estimée par le gain de Kalman.

$$\varphi est_K = \varphi gyr_K + Inn * (H^T K) \tag{3.12}$$

3.4.2.2.   Filtre de Kalman adaptatif

On peut remarquer que, suivant la valeur du gain de Kalman, on peut pondérer la confiance que l'on accorde entre la prédiction (gyroscopes) et la correction (accéléromètre). Or, on sait que la précision des instruments varie suivant la dynamique du mouvement effectué par l'interface haptique. Des simulations sous Matlab ont permis de démontrer que ce gain tendait rapidement vers une valeur fixe au cours du temps. Au final, la pondération entre la valeur de prédiction (gyroscope) et la valeur de correction (accéléromètre) réalisée par ce gain reste constante au cours du temps. Même si celui-ci prend en considération l'indice de confiance des instruments de mesure, il ne prend cependant pas en compte le fait que leur précision respective est susceptible d'évoluer au cours du temps.

Une amélioration intéressante serait de faire varier ce gain afin de permettre au filtre de réévaluer la confiance qu'il accorde aux deux instruments. Dans notre application, nous savons que l'accéléromètre est relativement précis lorsqu'il est immobile, mais cette précision diminue durant les phases d'accélération et de décélération. Les gyroscopes ne présentent pas ce défaut, mais le calcul d'intégration qu'ils imposent pour déterminer un angle entraîne une dérive au cours du temps. Le but est donc de faire plutôt confiance aux gyroscopes lors de fortes accélérations et plutôt à l'accéléromètre lors de mouvements lents.

Rehbinber et Hu avaient traité ce problème [Rehbinber 04]. Pour prendre en compte le changement de comportement de ces instruments, ils ont choisi d'intégrer au filtre de Kalman une variable binaire. Cette variable passe de 1 à 0 lorsque la dynamique du mouvement détecté est considérée comme suffisamment élevée pour induire une erreur dans le calcul du vecteur du champ gravitationnel. Cette variable σ est calculée en fonction de la norme du vecteur accélération dont les composantes sont données par l'accéléromètre. Si cette norme est proche de l'unité, cela signifie que l'accélération mesurée n'est issue que de la gravité. Dans le cas contraire, l'accélération mesurée Γ est la somme vectorielle de la gravité et de l'accélération subie par l'instrument respectivement notées g et a sur la Figure 3.19.

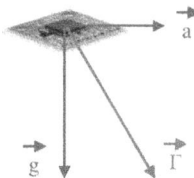

Figure 3.19. Décomposition de l'accélération mesurée par l'accéléromètre.

A l'instant t, Rehbinber écrit la règle de détection suivante :

$$\sigma(t) = \begin{cases} 1, \text{ si } \|\Gamma(t)\| = 1 \\ 0, \text{ sinon} \end{cases} \tag{3.13}$$

Cette variable binaire est ensuite intégrée à l'équation (3.9) pour le calcul du gain de Kalman.

$$K = \sigma(t) * (P_t H)/s \tag{3.14}$$

Dans le cas où le système détecte une dynamique de mouvement élevée, le filtre passe alors en mode prédicteur. σ devient nul et annule totalement les effets du gain de Kalman. L'angle estimé prend alors la même valeur que l'angle prédit donné par les gyroscopes (voir équation (3.12)).

Des simulations sous Matlab ont révélé cependant que l'emploi de cette méthode implique de brusques sauts de valeurs en fonction de l'accélération mesurée par le système. Ici, une méthode différente a été employée. Au lieu de faire passer le filtre de Kalman d'un mode à l'autre, la covariance sur l'erreur de mesure r a été modifiée. Initialement utilisée comme un paramètre constant réglé par l'utilisateur, il s'agit désormais d'une variable qui est calculée en fonction des valeurs mesurées par l'accéléromètre. L'idée est d'augmenter sa valeur lors de mouvements pour lesquels l'accéléromètre peut être considéré comme moins fiable. En augmentant sa valeur, on diminue la covariance sur l'innovation et donc également le gain de Kalman. La valeur de l'angle estimé va donc progressivement tendre vers celle de l'angle prédit qui est donné par les gyroscopes. Les N dernières valeurs de l'accéléromètre sont conservées et utilisées pour calculer leur écart-type.

$$r = \left(\sum_{i=0}^{N-1} \left(\varphi acc_{K_{t-i}} - M \right)^2 / N \right)^2 \qquad (3.15)$$

Où M est la moyenne des N angles mesurés. Dans notre application, le calcul de la covariance sur l'erreur de mesure est basé sur les 10 dernières valeurs (N = 10). Le Timer Multimédia qui gère la fréquence des acquisitions des instruments de mesure étant cadencé à 20 ms (voir paragraphe 3.5.), le temps nécessaire au système pour récolter assez d'informations ne représente que 200 ms. Si les valeurs fournies par l'accéléromètre varient ou oscillent fortement, cet écart-type augmente et induit un gain de Kalman relativement faible. L'angle estimé se rapproche donc de l'angle des gyroscopes. A l'inverse, pour un mouvement lent, la valeur de la covariance sur l'erreur de mesure diminue. L'angle estimé tend vers la valeur déterminée par l'accéléromètre. Dans le cas où l'angle estimé et celui donné par l'accéléromètre sont quasi confondus, l'angle prédit est mis à jour afin de corriger la dérive liée aux gyroscopes. Enfin, le fait de calculer ce nouveau paramètre séparément pour chaque angle (roulis et tangage) permet au système d'évaluer la fiabilité des instruments indépendamment par rapport à ces angles. En effet, les valeurs délivrées par l'accéléromètre peuvent osciller sur un axe mais rester régulières sur un autre. L'instrument est alors fiable pour l'estimation d'un angle indépendamment de l'autre.

3.5. Programmation et environnement SMAR

L'ensemble du système est géré sous l'environnement Visual C++. Un fichier d'implémentation nommé a été programmé pour assurer la communication avec les instruments et l'actionneur et le traitement les données mesurées. En compilant puis en exécutant ce fichier, le programme ouvre une boîte de dialogue qui permet de gérer l'interface haptique et d'évaluer son comportement.

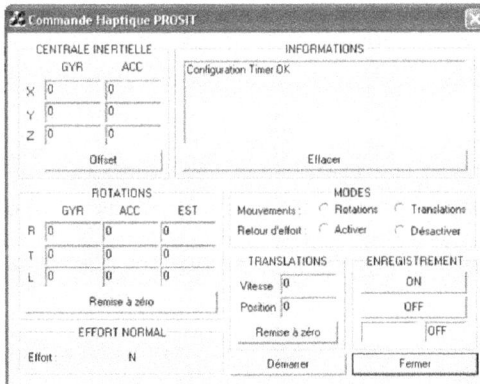

Figure 3.20. Interface de gestion de l'interface haptique.

Lors du lancement de la boîte de dialogue, la fonction spéciale est appelée pour réaliser les opérations nécessaires à l'initialisation du Timer ainsi que d'autres fonctions. La fonction Timer contient l'ensemble des instructions réalisées à une fréquence définie. On utilise ensuite un bouton de commande intitulé « Démarrer » qui déclenche l'ensemble des fonctions nécessaires au fonctionnement de l'interface haptique.

3.5.1. Communication avec les instruments embarqués

Les méthodes de communication varient suivant la nature du destinataire et suivant le protocole qu'il requiert. A cet effet, un certain nombre de fonctions sont appelées pour envoyer des instructions.

La carte d'acquisition NI-845x assure la communication entre le poste informatique et les instruments de mesure de type MEMS (gyroscopes et accéléromètre). La gestion de ces équipements nécessite donc la configuration et le contrôle de cette carte. Un fichier header (ni845x.h) est fourni avec celle-ci ; il contient une bibliothèque de fonctions prédéfinies et permettant de contrôler cette carte. Les fonctions nécessaires à la communication et au contrôle de la carte NI-845x sont présentées en Annexe A1.

La gestion et le contrôle des éléments participant au retour d'effort se font en protocole UART. Il permet de contrôler le motoréducteur et d'acquérir le signal du capteur d'effort via la carte CACII. Au niveau de la programmation, on communique avec la carte d'axes en lui envoyant des instructions. Par la suite, cette carte communique avec les équipements qu'elle gère suivant la façon dont est programmé le microcontrôleur qu'elle abrite. Les trois fonctions principales utilisées pour cela sont détaillées en Annexe B12.

3.5.2. Implémentation de la stratégie de contrôle

La plus grande partie du programme est codé dans une fonction Timer qui est appelée périodiquement. Elle contient l'essentiel de la stratégie de contrôle du système mais d'autres instructions importantes sont également contenues dans des fonctions appelées de façon ponctuelle ; par des boutons de commande par exemple. L'ensemble de cette stratégie est contenue dans les fonctions présentées en Annexe B2.

3.5.2.1. Estimation de l'attitude de l'interface haptique

Pour évaluer l'attitude de l'interface haptique, on utilise les mesures faites par trois gyroscopes et un accéléromètre. Ces mesures sont traitées afin d'obtenir trois angles d'orientation : roulis, tangage et lacet. Un filtre de Kalman est utilisé pour obtenir une meilleure estimation de ces angles. Les calculs permettant au système d'évaluer l'attitude de l'interface haptique sont réalisés de façon périodique et sont donc programmés dans la fonction Timer.

La première étape des calculs consiste à ordonner aux instruments de mesure de réaliser une acquisition. Les trois gyroscopes, l'accéléromètre et le capteur d'effort sont alors sollicités. Pour le calcul des angles, il s'agit de calculer les angles de rotation propre à partir des mesures des deux instruments. Le roulis, le tangage et le lacet sont calculés à partir des angles de rotations propres à l'aide des équations (3.4), (3.5) et (3.6).

Maintenant que les angles de cardan donnés par les gyroscopes et par l'accéléromètre sont déterminés, on peut appliquer le filtre de Kalman pour obtenir une meilleure estimation. Une fonction nommée « Filtre_Kalman » a été codée pour réaliser l'ensemble des calculs nécessaires à l'obtention de l'angle estimé :

- Calcul de la matrice de covariance (voir (3.7))

- Calcul de la covariance sur l'innovation (voir (3.8))
- Calcul du gain du filtre (voir (3.9))
- Mise à jour de la matrice de covariance (voir (3.10))
- Calcul de l'innovation (voir (3.11))
- Mise à jour de l'angle (voir (3.12))

A partir d'un angle donné par les gyroscopes et par l'accéléromètre, la fonction « Filtre_Kalman » renvoie l'angle estimé ainsi que la matrice de covariance dont la valeur est nécessaire d'une itération à l'autre.

3.5.2.2.   Retour d'effort de l'interface haptique

La gestion et le retour de l'effort sont assurés par un capteur d'effort et par un motoréducteur. La stratégie de contrôle consiste à actionner ce moteur en fonction de l'effort mesuré par le capteur. L'effort normal est mesuré en permanence. Le mode « retour d'effort » (actionnement du motoréducteur) doit être activé ou désactivé via une commande de la boîte de dialogue.

Une fonction de la carte d'axe CACII permet la réception de la réponse de la carte et son stockage dans une variable. En fonction de l'effort appliqué par l'opérateur via la sonde haptique, le motoréducteur est actionné dans un sens ou dans l'autre. L'instruction à envoyer à la carte CACII est donc construite en fonction de la valeur de l'effort mesuré. Cette instruction indique la tension à fournir à l'actionneur.

3.5.3.   Visualisation sous SMAR

Ce programme permet d'obtenir en temps réel les données nécessaires à l'estimation de l'attitude de l'interface haptique. A partir de ces données, il nous est possible de programmer un environnement de visualisation sous SMAR (Système de Modélisation et d'Animation Robotique). Ce logiciel a été développé par l'Institut PPRIME (anciennement Laboratoire de Mécanique des Solides) afin de modéliser des systèmes robotisés et de réaliser des simulations sur leur comportement [Zeghloul 97].

L'interface haptique a été modélisée sous SMAR. La nature des liaisons entre elle et son support référentiel a été définie. On rappelle qu'il y aura trois angles à transférer au modèle : roulis, tangage et lacet. La liaison prismatique entre les deux parties principales de cette interface est également à prendre en compte. Il y a donc au total quatre liaisons à définir et à paramétrer :

- Une liaison pivot autour de l'axe X_T du repère de référence (tangage)
- Une liaison pivot autour de l'axe Y_T du même repère (roulis)
- Une liaison pivot autour de l'axe Z_S du repère de l'interface haptique (lacet)
- Une liaison prismatique suivant l'axe Z_S du même repère (liaison actionneur)

Le programme permettant le démarrage de l'interface gérant l'interface haptique a été modifié pour démarrer le logiciel SMAR durant son exécution. Le lancement de différentes simulations est alors proposé. En choisissant l'application « PROSIT », SMAR ouvre l'environnement représentant l'interface haptique sur son support ainsi que la boîte de dialogue associée. Il suffit ensuite d'utiliser cette interface normalement pour commencer la simulation. L'interface haptique représentée sous SMAR reproduit alors les mouvements effectués par la vraie interface haptique en temps réel.

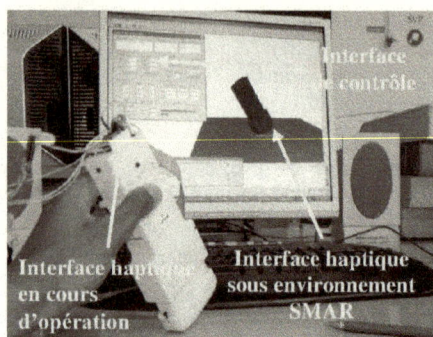

Figure 3.21. Visualisation des mouvements de l'interface haptique sous SMAR.

3.6. Evaluation du filtre de Kalman adaptatif et simulation de tâches télé-opérées

Afin de tester le comportement de l'interface haptique et d'évaluer l'efficacité du filtre de Kalman adaptatif. Des expérimentations ont été réalisées à l'aide du système de capture de mouvement Vicon Nexus. Des marqueurs réfléchissants ont été placés sur le dispositif et les données envoyées par la centrale inertielle et traitées par le filtre de Kalman adaptatif ont été comparées à celles issues de Nexus.

3.6.1. Mise en œuvre du dispositif expérimental

Le point important de cette expérimentation est de synchroniser deux sources d'informations. En effet, le système de capture de mouvement Vicon Nexus et l'interface haptique doivent faire parvenir les données en mode synchrone afin de pouvoir les comparer. Pour s'assurer que ces deux systèmes sont correctement synchronisés, la carte d'acquisition gérant la centrale inertielle a été connectée à la plateforme d'acquisition du système Nexus. Le système Vicon Nexus est effectivement pourvu d'une fonctionnalité qui lui permet de se synchroniser avec des dispositifs externes. Le système se met alors en attente d'un signal analogique sous forme de front montant qui déclenche l'enregistrement. Nexus peut également mettre fin à l'enregistrement en recevant un front descendant.

La carte d'acquisition NI-845x est équipée d'entrées/sorties analogiques. Deux d'entre elles sont utilisées ici pour la synchronisation : une pour envoyer un front montant qui commande le début de l'enregistrement et une autre pour un front descendant qui met fin à l'enregistrement. Du côté de la plateforme d'acquisition Vicon Nexus, deux entrées analogiques sont dédiées au début ou à l'arrêt de l'enregistrement. Chacune d'elles est reliée à une sortie analogique de la carte NI-845x comme l'illustre la Figure 3.22. A noter que le branchement des référentiels est également requis.

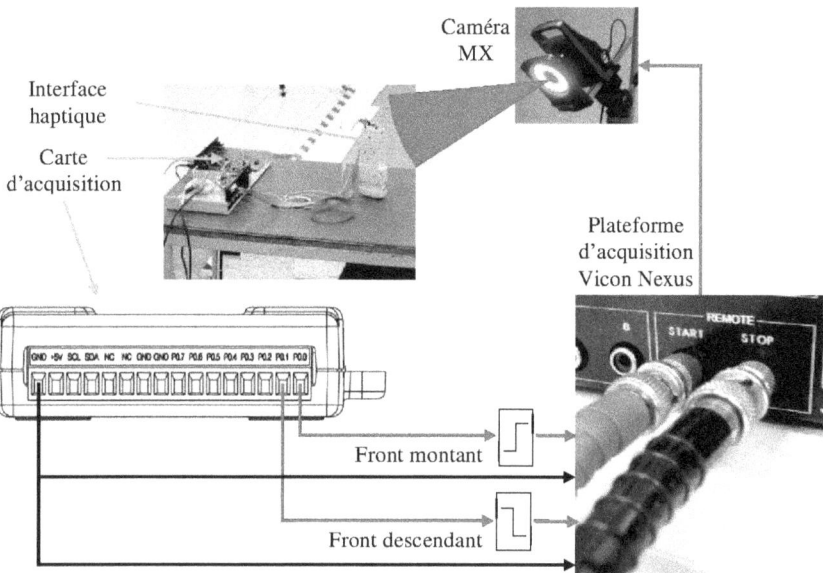

Figure 3.22. Protocole expérimental.

Afin d'émettre des signaux analogiques au système Vicon Nexus, les instructions adéquates ont été programmées dans la boîte de dialogue gérant l'interface haptique. Ces instructions sont contenues dans des fonctions qui permettent également d'enregistrer dans un fichier texte les données issues de la centrale inertielle ; c'est-à-dire les angles roulis, tangage et lacet. Pour obtenir de meilleures informations sur le comportement de l'interface haptique, toutes les données brutes fournies par les instruments ainsi que les angles de rotation propre sont enregistrés. Un bouton de commande intégré dans la boîte de dialogue permet de déclencher l'enregistrement et un autre de l'arrêter ; ils déclenchent également l'envoi du signal analogique requis.

Après avoir calibré et configuré le système Vicon Nexus, il suffit d'armer le système qui se met alors en attente d'un signal pour lancer l'enregistrement. Un click sur un bouton de commande de la boîte de dialogue de l'interface haptique déclenche ensuite le démarrage simultané des enregistrements.

3.6.2. Méthode de calculs

Pour calculer l'attitude de l'interface haptique, une méthode plus fiable que celle présentée en paragraphe 2.2.2 est utilisée. En effet, la géométrie de l'interface haptique permet de fixer plus de marqueurs et de façon plus avantageuse. Au total, douze marqueurs sont placés sur l'interface haptique : six sur la face avant et six autres sur une des faces latérales.

69

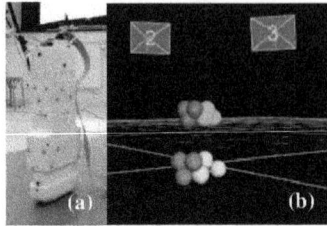

Figure 3.23. Interface haptique équipée de marqueurs réfléchissants (a). Représentation virtuelle sous environnement Nexus (b).

Il est possible désormais de construire les vecteurs normaux aux faces avant et latérales de l'objet. Le vecteur normal à la face supérieure est calculé par produit vectoriel. On rappelle que trois marqueurs sur une face pour pouvoir construire un vecteur normal.

$$\vec{a}_X \wedge \vec{b}_X = \vec{X}_S \tag{3.16}$$
$$\vec{a}_Y \wedge \vec{b}_Y = \vec{Y}_S \tag{3.17}$$
$$\vec{X}_S \wedge \vec{Y}_S = \vec{Z}_S \tag{3.18}$$

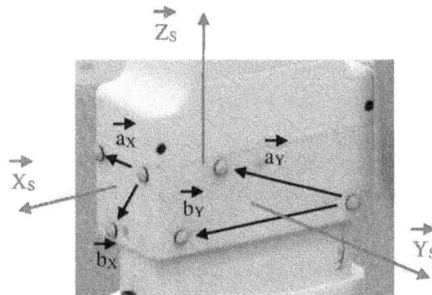

Figure 3.24. Méthode de construction du repère lié à l'interface haptique.

Deux triplets par faces sont utilisés ici pour prévenir le cas où des occlusions empêcheraient de détecter certains marqueurs. Une fois ces trois vecteurs obtenus, on construit le repère lié à l'interface haptique. Les coordonnées de ces vecteurs sont utilisées pour établir la matrice de rotation entre le sujet et le repère de référence via la méthode présentée en paragraphe 2.2.2. Les trois angles d'orientation roulis, tangage et lacet peuvent ensuite être calculés à partir des termes de cette matrice.

$$\text{Roulis} = \text{atan } 2(z_Y, z_Z) \tag{3.19}$$
$$\text{Tangage} = \text{atan } 2(z_X, z_Z) \tag{3.20}$$
$$\text{Lacet} = \text{atan } 2(x_X, y_Y) \tag{3.21}$$

Pour chaque enregistrement, ces angles sont calculés et comparés à ceux donnés par l'interface haptique. Plusieurs types de mouvement ont été enregistrés avec cette interface : des mouvements de rotation simple autour d'un axe bien défini, puis des mouvements de rotation plus complexe. Pour illustrer notre première analyse, nous débutons par l'enregistrement de rotations autour de l'axe longitudinal Y_S de l'interface haptique ; il s'agit de roulis. Sur cet enregistrement, un aller-retour est réalisé dans un sens puis dans l'autre. Nous nous proposons dans un premier temps d'étudier le comportement des instruments de mesure.

70

3.6.3. Comportement des instruments de mesures

Conformément à nos premières hypothèses, l'accéléromètre semble être relativement sensible à la dynamique du mouvement qu'il subit puisqu'il mesure les accélérations. Le graphique présenté sur la Figure 3.25 montre effectivement des oscillations en plusieurs zones marquées en rouge pointillé. Ces zones correspondent à des mouvements où l'accélération varie rapidement. Elles se situent ici en sommet et en pied de crête. Il s'agit donc de début ou de fin de mouvement de l'interface haptique. Les oscillations mesurées ici, donnent des variations d'angle de plus de 5°. En dehors de ces zones, l'angle calculé à partir de l'accéléromètre évolue de manière assez régulière (sans oscillation). Durant les phases de repos, c'est-à-dire avant et après les mouvements, l'angle calculé reste très constant et proche de 0° ; l'interface haptique est alors effectivement immobile et complètement verticale.

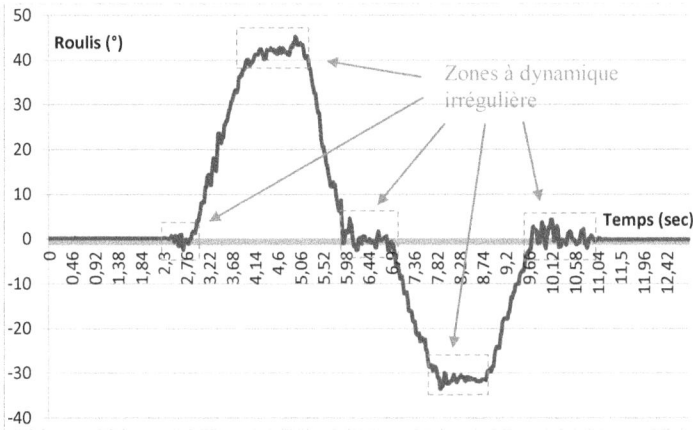

Figure 3.25. Evolution du roulis calculé via l'accéléromètre.

Sur le même enregistrement, nous observons que l'angle issu des gyroscopes a une évolution beaucoup plus régulière que celui donné par l'accéléromètre. Ici, aucune oscillation n'est visible ; y compris dans les zones à dynamique irrégulière. Cependant, on note sue la Figure 3.26 qu'il apparaît une dérive au cours du temps. On peut la mesurer à 2° après le premier aller-retour (6 sec), puis à plus de 4° après le second (10 sec). Ce comportement a été constaté sur d'autres enregistrements ; la dérive peut dépasser les 5° après 8 secondes de manipulation de l'interface haptique. Cette dérive ne semble pas être constante ; elle n'apparaît que durant les mouvements : lorsque les gyroscopes sont sollicités.

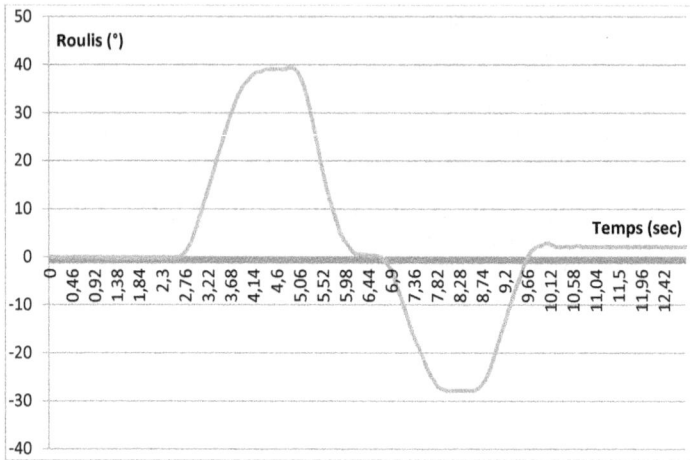

Figure 3.26. Evolution du roulis calculé via les gyroscopes.

3.6.4. Influence de la covariance sur l'erreur de mesure

Afin de démontrer la valeur ajoutée du filtre de Kalman adaptatif par rapport à celui tiré de la littérature, les deux filtres ont été comparés sur plusieurs enregistrements. La Figure 3.27 présente un des résultats d'une étude comparative entre le filtre de Kalman tiré de la littérature et le filtre de Kalman adaptatif. Il s'agit de la fin d'un mouvement d'aller-retour en rotation. Nous savons que la valeur de la covariance sur l'erreur de mesure est à interpréter comme un indice de confiance que le système accorde aux mesures faites par l'accéléromètre. Ici, ce même mouvement a été filtré par plusieurs filtres de Kalman paramétrés avec différentes valeurs pour ce paramètre.

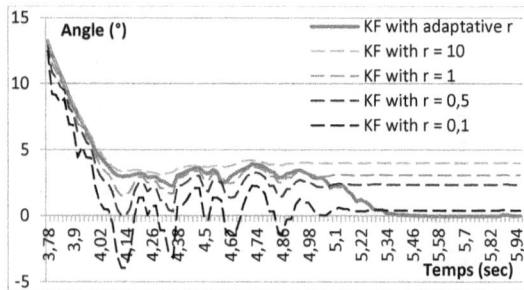

Figure 3.27. Comportement du filtre de Kalman en fonction de la valeur de la covariance sur l'erreur de mesure.

On peut observer que suivant cette valeur, l'angle estimé présente des oscillations pour de faibles valeurs et une erreur largement plus grande pour de fortes valeurs. Lors de l'implémentation d'un filtre de Kalman, le choix de ce paramètre relève du compromis entre ces deux types de comportement qui, suivant la valeur la covariance sur l'erreur de mesure, peuvent être atténués mais pas neutralisés. Le filtre de Kalman adaptatif (apparaissant en rouge sur la figure) permet de neutraliser les oscillations liées à la sensibilité de

72

l'accéléromètre, le temps qu'il se stabilise. A l'issue de quoi, il réévalue la confiance qu'il accorde aux instruments et tend vers la valeur calculée à partir de l'accéléromètre ; corrigeant ainsi les erreurs liées aux calculs d'intégrations requis par les gyroscopes. Suite à cette stabilisation, la valeur de l'angle donné par les gyroscopes est mise à jour sur celui donné par l'accéléromètre afin d'éviter de brusques sauts de valeur lorsque ce dernier sera de nouveau soumis à une dynamique élevée ou irrégulière.

3.6.5. Précision et comportement du filtre de Kalman adaptatif

En comparant le roulis mesuré par le système Vicon Nexus et celui estimé par le filtre de Kalman adaptatif, on note une erreur de position relativement faible. Cette erreur reste globalement inférieure à 2° sur l'ensemble de l'enregistrement et d'environ 0,25° durant les phases de repos. Mais surtout, on note un comportement qui est bien meilleur que celui d'une stratégie d'estimation d'attitude basée sur l'utilisation d'un seul type d'instrument de mesure (accéléromètre ou gyroscope). D'une part, les oscillations générées par l'accéléromètre sont ici neutralisées ; et d'autre part, la dérive liée aux calculs d'intégration requis par les gyroscopes est corrigée. En effet, à la fin du second aller-retour, le roulis atteint un angle d'environ 2°. Cet angle correspond à celui mesuré par les gyroscopes, qui sont considérés plus fiables par le filtre de Kalman adaptatif ; l'accéléromètre étant sujet à cet instant à des perturbations dynamiques. Une phase de stabilisation permet à l'accéléromètre de réduire ces oscillations jusqu'à un mode de mesure fiable. L'angle estimé par le filtre tend alors progressivement vers 0°, l'angle mesuré par l'accéléromètre.

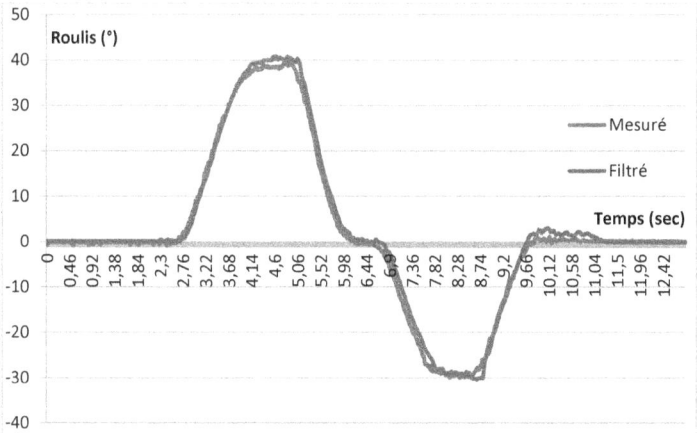

Figure 3.28. Comparaison entre l'angle mesuré par Vicon Nexus et l'angle estimé par le filtre de Kalman adaptatif.

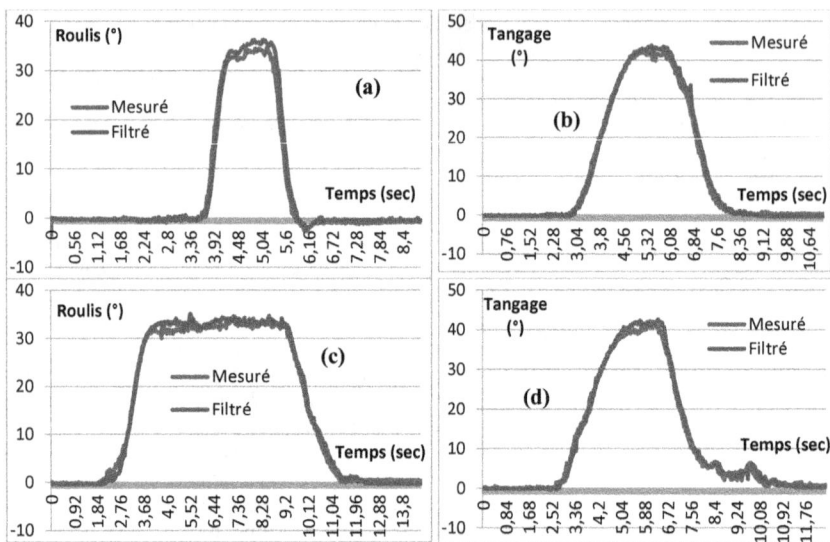

Figure 3.29. Comparaison des angles mesurés et estimés sur plusieurs mouvements différents.

Ces comparaisons ont été faites sur d'autres types de mouvement. Elles sont présentées par les graphiques de la Figure 3.29 :

(a) Aller-retour sur roulis. Les rotations sont volontairement effectuées à des vitesses anormalement élevées pour une tâche d'échographie.

(b) Aller-retour sur tangage. Les rotations sont effectuées à vitesse nominale.

(c) Aller-retour sur roulis. L'inclinaison est maintenue quelques secondes entre les deux mouvements de rotation.

(d) Aller-retour sur tangage. La fin de la seconde rotation est volontairement altérée par un mouvement irrégulier.

L'analyse des enregistrements réalisés durant ces expérimentations a révélé que l'erreur entre les angles mesurés par le système Vicon Nexus et les angles estimés par le filtre de Kalman adaptatif dépasse rarement les 3° durant les phases à dynamique irrégulière et reste globalement en dessous des 2° pendant les mouvements de faible dynamique. Au repos, cette erreur reste inférieure au degré.

La Figure 3.30 montre les erreurs d'angles calculées par rapport à l'accéléromètre, aux gyroscopes et par rapport au filtre de Kalman adaptatif. Cette illustration est tirée de l'exemple de mouvement réalisé en Figure 3.29-(a). L'erreur angulaire sur les accéléromètres atteint ici plus de 14° et 18° lors des phases d'accélération et de décélération. Pourtant, celle issue du filtre de Kalman adaptatif reste 2 à 3 fois moins élevée (5 et 8°). Comme prévu, le système pondère son estimation principalement vers les mesures faites par les gyroscopes. Sur cet exemple, on constate également que l'erreur due aux calculs d'intégration pour les gyroscopes est étonnamment faible ; et ce, avant même que les angles issus des gyroscopes ne soient mis à jour par le système en fin de phase de stabilisation de l'accéléromètre. A l'issue de plusieurs utilisations de l'interface haptique, nous avons effectivement observé que ce comportement se manifestait aléatoirement au cours du temps.

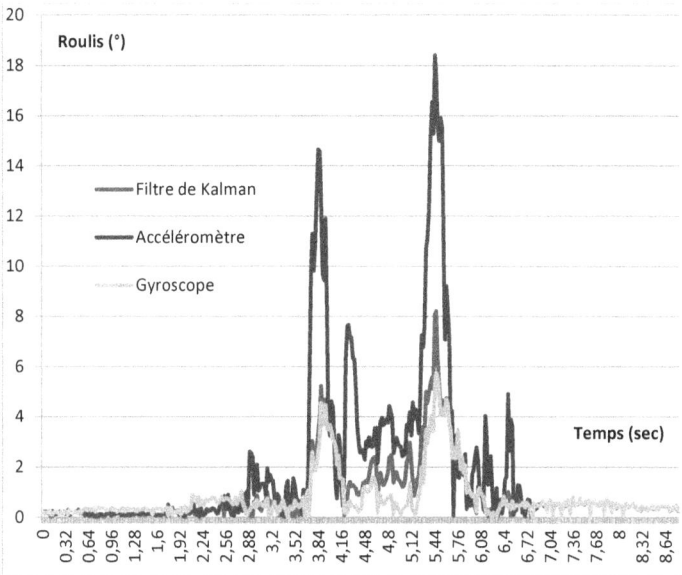

Figure 3.30. Evolution des erreurs sur le roulis durant un mouvement à dynamique très élevée.

3.7. Retour d'expérience pour un second prototype

L'interface haptique ainsi que des résultats obtenus par les expérimentations Nexus ont été présentés à l'ensemble des partenaires du projet. Ceux-ci ont donné leur aval pour la duplication de ce dispositif par l'intégrateur du projet. Les plans de fabrication ainsi que les méthodes de mise en œuvre électronique et informatique ont donc été transférés à Robosoft qui a ainsi pu fabriquer une copie de ce dispositif.

3.7.1. Retour d'expérience fonctionnel

Ce premier prototype d'interface haptique dupliqué par Robosoft a été intégré au système PROSIT-1. Dans le cadre du projet ANR-PROSIT, il a servi au contrôle du premier prototype de robot présenté en Figure 1.26. Un travail d'intégration en collaboration avec les partenaires des WP4 (Télé-opération et contrôle) et WP6 (Interactions) a permis l'implémentation de cette interface haptique dans l'ensemble du système en mode télé-opération (contrôle à distance). Des essais via liaison WiFi et satellite ont été réalisés.

Le concept de le détection de mouvement à l'aide d'une centrale inertielle a ainsi pu être validé. En revanche, le système de retour d'effort s'est avéré insuffisant. En effet, aucun actionneur disponible dans le commerce (Faulhaber, Maxon...) ne peut regrouper la vitesse, le couple et la compacité nécessaires à notre application. Le système de retour d'effort a pu être mis en œuvre et testé. Mais sa vitesse est insuffisante pour assurer une transparence satisfaisante au niveau du mouvement vertical de l'opérateur. L'implémentation du capteur d'effort permet néanmoins le contrôle de l'effort à appliquer par le robot sur le patient.

75

3.7.2. Nouveau prototype

Conformément aux exigences du projet, un second prototype d'interface haptique a été conçu. Bénéficiant du retour d'expérience du premier prototype, les choix technologiques ont été arrêtés pour sa conception.

Pour la détection de mouvement, il a été choisi d'utiliser une centrale inertielle fiabilisée par le filtre de Kalman adaptatif ; le concept ayant été validé. Elle est composée du même type d'éléments que pour le premier prototype mais dans des versions modernisées issues des progrès technologiques proposées par nos fournisseurs. L'accéléromètre ADXL345 (moins de 30$ l'unité) et le gyroscope L3G4200D (moins de 50$ l'unité) composent désormais les instruments de mesure dédiés à la détection de mouvement. La plus grande valeur ajoutée parmi ces éléments est la possibilité de regrouper les trois gyroscopes (nécessaires pour notre application) en un seul MEMS. Ce qui réduit le nombre de MEMS à intégrer de 4 à 2 ; facilitant ainsi l'intégration et la maintenance comme l'illustre la Figure 3.31.

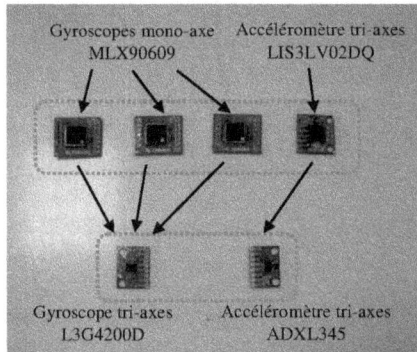

Figure 3.31. Nouveaux instruments de mesure dédiés à la détection de mouvement.

Le système de retour d'effort est assuré par un système cabestan composé de câble et de poulies. L'ensemble est animé par un actionneur. Suite à la difficulté de dimensionnement de moteur rencontrée lors de la conception du premier prototype, le choix s'est orienté vers un moteur fabriqué sur mesure par la société ERNEO. Cet actionneur de type « brushless » (sans balais) sera utilisé sans élément de réduction afin de réduire considérablement l'inertie rotative ressentie par l'opérateur. C'est le phénomène dont souffrait l'interface haptique des robots OTELO et dont la valeur est proportionnelle au carré du nombre de réduction. Ce système réversible permet à l'opérateur d'actionner librement la liaison prismatique. L'actionneur entraîne le réseau de câbles (en jaune sur la Figure 3.32) pour s'opposer à ce mouvement en guise de retour d'effort.

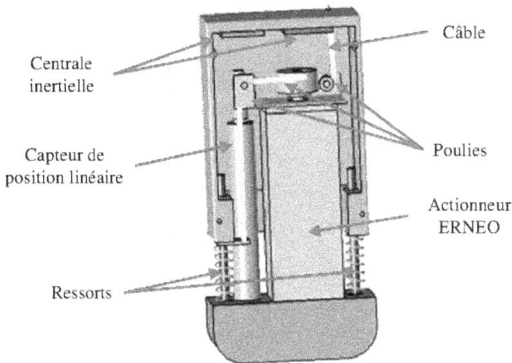

Figure 3.32. Interaction entre l'interface haptique et la dalle résistive.

Le positionnement de cet actionneur a causé des difficultés d'intégration d'un éventuel capteur d'effort. La mesure de l'effort appliqué par l'opérateur a donc fait l'objet d'un autre choix technologique. Une balance électronique est utilisée pour recueillir cette information.

Une spécification importante de ce nouveau prototype d'interface haptique est la possibilité de mesurer un déplacement linéaire suivant l'axe Y_T. Cette donnée est mesurée par le contact de l'interface haptique avec une dalle résistive. Alimentée par une tension de 5V, le signal analogique qu'elle renvoie est interprété puis converti en une position sur un axe. L'opérateur peut ainsi faire glisser l'interface sur cette dalle pour permettre au système de mesurer son déplacement linéaire.

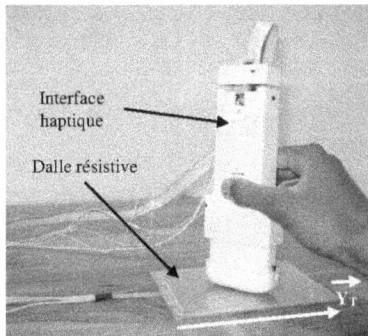

Figure 3.33. Interaction entre l'interface haptique et la dalle résistive.

Des essais concluants ont été réalisés à l'aide du premier prototype d'interface haptique et ont conduit à l'adoption de cette technologie pour le second prototype.

Conclusion

La réalisation d'une nouvelle interface haptique du système de télé-échographie PROSIT-1 a requis un travail de conception, d'instrumentation et de programmation. Des savoir-faire en

77

mécanique, électronique et informatique ont été mobilisés pour apporter des réponses à cette importante partie du projet.

L'étude de l'état de l'art sur les interfaces haptiques ainsi que les spécifications établies pour ce système ont permis de nous orienter vers une solution rassemblant des réponses aux attentes du personnel de santé. Le concept d'une interface haptique à structure libre a été choisi afin de permettre au futur opérateur de contrôler le robot de télé-échographie de façon intuitive ; en réalisant les mêmes gestes que ceux exécutés habituellement pour un examen d'échographie classique. Cette particularité va réduire considérablement les périodes de prise en main du système.

Une alternative tant demandée par les médecins au coûteux système de localisation magnétique FoB a été sélectionnée. La centrale inertielle utilisée ici est composée d'instruments de mesure peu coûteux (moins de 50 € pièce) et très répandus sur le marché. Cette technologie est cependant moins fiable que le FoB, mais les données issues de ces éléments sont fiabilisées par l'implémentation d'un filtre de Kalman dont le fonctionnement a été modifié pour améliorer le comportement général de l'interface haptique et pour répondre à un souci de précision et de stabilité. Des expérimentations à l'aide du système de capture de mouvement ont été menées pour évaluer la fiabilité de cette méthode et pour valider le concept de détection de mouvement de cette interface auprès des partenaires du projet.

Un système de contrôle en effort avec retour de force a été implémenté, programmé et évalué. Son concept a malheureusement rencontré les limites technologiques des actionneurs immédiatement disponibles sur le marché. Ceci nous a orientés vers d'autres types de solutions en termes de retour d'effort pour le second prototype de ce projet. Le robot PROSIT-2 sera contrôlé par une nouvelle interface haptique qui intègre un système de retour d'effort réversible. Il est basé sur un ressort et un moteur entraînant un système cabestan. Le concept avait déjà été utilisé sur le contrôle en effort des robots OTELO. La détection de mouvement de ce nouveau dispositif est assurée par une centrale inertielle modernisée et gérée par la stratégie de contrôle développée dans ce chapitre ; le concept ayant été validé avec succès.

CHAPITRE 4.   Conception et optimisation de la structure du manipulateur robotisé

Résumé :

Ce chapitre présente la partie esclave du système de télé-échographie. Il s'agit d'un dispositif robotisé capable de manipuler une sonde d'échographie suivant les instructions d'un opérateur distant. Les spécifications de ce manipulateur établies dans le cadre du projet sont présentées dans un premier temps. L'architecture parallèle sphérique qui a été sélectionnée comme structure cinématique pour ce robot est illustrée et analysée. Les modèles géométrique et cinématique ont servi de support pour l'optimisation de cette structure en fonction des critères sélectionnés. Cette étape a permis la définition d'une structure optimisée qui a fait l'objet d'une analyse afin de traiter les problématiques liées à la présence de zones inaccessibles et aux risques de collisions internes.

Sommaire :

Introduction

Le manipulateur robotisé du second prototype (PROSIT-2) devait marquer une rupture avec les architectures traditionnelles de la lignée des robots de télé-échographie du laboratoire PRISME. Les structures sérielles sphériques ont été largement mises à contribution pour ces robots et ont permis de valider plusieurs aspects du concept de la télé-échographie robotisée. Certains prototypes usant de la même structure ont cependant montré des limites d'ordres cinématiques. A titre d'exemple, l'analyse du comportement du robot ESTELE a mis en évidence des effets perturbants d'une singularité centrale, des défauts de suivi de trajectoires...

L'objectif de ce présent chapitre est de proposer une nouvelle architecture mécanique pour la partie esclave du système de télé-échographie. Elle doit constituer une solution technologique répondant à plusieurs types d'exigences quantitatives mais également qualitatives. L'étude de l'état de l'art montre qu'il existe bien d'autres choix en matière de structure cinématique. L'architecture parallèle sphérique, bien que très peu utilisée, offre des caractéristiques intéressantes (rigidité et précision) du fait de sa structure à chaînes fermées. Pour répondre au mieux au cahier des charges, cette structure a fait l'objet d'une optimisation basée sur l'utilisation d'un algorithme génétique. Cette démarche permet d'identifier les dimensions des paramètres optimaux de la structure afin de lui conférer les meilleures caractéristiques cinématiques. Par la suite, une étude sur les trajectoires et les réponses articulaires de la structure optimisée est nécessaire afin de prendre en compte des aspects comme l'évitement de collision par exemple.

4.1. Cahier des charges de la partie esclave du système

La partie esclave du système de télé-échographie doit répondre à différents points identifiés : l'espace de travail, la mobilité du mécanisme porte-sonde, la vitesse, la précision... Les spécifications essentielles concernent les mouvements que la structure imposera à son organe terminal.

4.1.1. Présentation de l'organe terminal du robot

Le premier prototype PROSIT-1 devait intégrer un système de contrôle et de retour d'effort. Dans cette optique, un organe terminal a été conçu par l'institut PPRIME puis fabriqué par la société Robosoft. Cet organe constitue le 4° et dernier axe du robot puisqu'il dispose d'une liaison prismatique permettant le mouvement de translation de la sonde d'échographie qu'elle supporte. Il assure ainsi l'application de l'effort contrôlé par l'opérateur sur le patient. Pour remplir ce rôle, cet effecteur est constitué de deux parties principales. Une partie fixe qui accueille l'actionneur et qui peut être mise en rotation par le reste du robot. Et une partie mobile en translation qui supporte la sonde d'échographie.

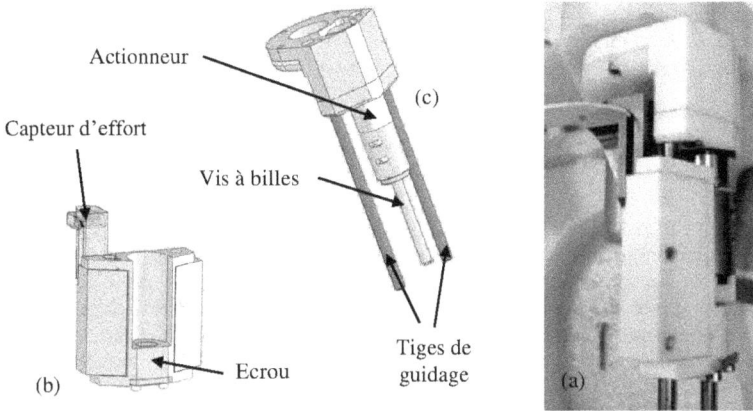

Figure 4.1. Illustration de l'organe terminal du robot (a). Partie mobile (b). Partie fixe (c).

La partie fixe de l'organe terminal visible sur la Figure 4.1-(c) accueille un motoréducteur qui actionne une vis à billes. Cette vis à billes entraîne la partie mobile (b) en translation par le biais d'un écrou. Cette liaison permet un déplacement de la sonde d'échographie de 30 mm, respectant ainsi un des points du cahier des charges. La partie mobile est globalement composée de deux pièces. Celles-ci sont guidées en translation par des tiges de guidage et présentent entre elles un jeu en translation. La variation de ce jeu résulte de l'effort appliqué sur la sonde échographique et permet la compression d'un capteur d'effort ; le même que celui utilisé dans l'interface haptique (voir chapitre 3). Ainsi, il est possible de mesurer l'effort appliqué par le manipulateur sur le corps du patient. En fonction de cette valeur, le système sollicitera l'actionneur pour réduire l'erreur entre l'effort mesuré et l'effort commandé par l'opérateur. Lorsqu'il embarque une sonde d'échographie, la distance entre le haut de ce dispositif et le point de contact avec le patient est estimée à 180 mm. La pièce assurant sa fixation avec un manipulateur occupe une zone circulaire de 40 mm de rayon. Ces dimensions seront à prendre en compte durant la démarche de conception et d'optimisation du manipulateur.

4.1.2. Mouvements requis de l'organe terminal

L'architecture sélectionnée doit être capable de déplacer son effecteur suivant des mouvements identifiés lors de l'analyse du geste expert. Le Tableau 4.2 récapitule les spécifications dimensionnelles du robot. L'organe terminal doit pouvoir être orienté autour du point de contact entre le corps du patient et la sonde échographique. Son espace de travail en orientation est comparable à un cône de demi-angle au sommet égal à 35° ; un angle qui représente l'inclinaison générale de l'effecteur. Cette inclinaison doit pouvoir s'effectuer dans toutes les directions. La rotation propre doit également disposer d'une amplitude d'un tour complet.

4.1.3. Critères qualitatifs

Les partenaires médicaux du projet ont émis des exigences de nature qualitative pour le manipulateur. Ils ont demandé qu'il ait une bonne capacité de suivi de trajectoire. La présence de singularités dans l'espace de travail sera à éviter. Ce robot étant destiné à être maintenu sur un patient par un assistant médical, il faut donc proposer une solution intéressante d'un point de vue ergonomique. Le manipulateur doit être léger et compact. Ce qui conférera au robot une bonne aisance à la manipulation et au transport par un utilisateur. Dans notre étude, ces deux aspects sont pris en compte et traduits en critères chiffrés.

4.2. L'architecture parallèle sphérique

Pour orienter l'effecteur du robot, l'architecture parallèle sphérique (APS) a été sélectionnée. Ce type de structure est souvent utilisé pour déplacer un organe terminal sur une surface sphérique autour d'un point ; ce qui correspond à un poignet sphérique. L'étude cinématique de cette structure peut ainsi se limiter aux seules orientations de son effecteur. Notre choix a été motivé par les caractéristiques dont jouissent les structures parallèles. En effet, les chaînes cinématiques fermées leur apportent une grande rigidité, une meilleure précision et des performances cinématiques généralement plus élevées que les architectures sérielles. Un autre avantage de cette structure est l'absence de singularité au centre de son espace de travail. Un des exemples les plus célèbres, utilisant cette famille d'architecture, est l'Agile Eye de l'Université de Laval [Gosselin 89].

Figure 4.2. Agile Eye de Gosselin [ULaval, www].

4.2.1. Présentation de la structure

Une architecture parallèle est composée d'une base reliée à une plateforme par l'intermédiaire de plusieurs chaînes. Ces chaînes peuvent avoir une cinématique différente d'un mécanisme à l'autre. La plateforme peut alors, suivant la cinématique des chaînes, se mouvoir en translation et/ou en orientation.

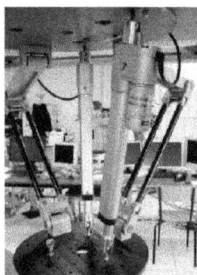

Figure 4.3. Exemple de robot parallèle.

Dans notre cas, il s'agit d'un mécanisme parallèle sphérique. La plateforme se déplace en orientation autour d'un point fixe. Pour ce faire, les chaînes sont composées de deux segments en forme d'arc de cercle et de trois liaisons rotoïdes. On parle de bras sériels sphériques RRR dont seule la première liaison (R) est actionnée ; les autres liaisons (R) sont passives. Tous les axes de ces liaisons sont concourants en un point qui est le centre de rotation de la plateforme. De cette manière, on obtient le mouvement de poignet sphérique requis pour la télé-échographie. La plateforme supporte l'organe terminal du robot.

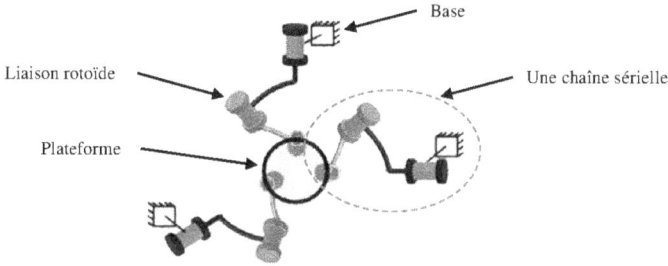

Figure 4.4. Architecture parallèle sphérique.

4.2.2. Définition des paramètres de conception

L'objectif de cette partie est d'optimiser cette architecture. Il s'agira de déterminer les dimensions qui lui donneront les meilleures performances cinématiques. La première étape de notre démarche d'optimisation est donc de déterminer les paramètres de conception indépendants décrivant ce mécanisme.

L'architecture parallèle sphérique est une association de trois bras articulés. Chaque bras comptes deux segments en arc de cercle et trois liaisons rotoïdes. Ces segments sont repérés par l'indice « Ki » ; la lettre « K » représente l'un des trois bras et le chiffre « i » la position sur ce bras (avec K = A, B ou C et i = 1, 2 ou 3). On compte un axe de rotation entre deux segments successifs. Plusieurs vecteurs correspondant à ces axes de rotation peuvent être ainsi définis. Tout d'abord, les vecteurs unitaires X, Y et Z du repère de référence dont l'origine est confondue avec le centre de rotation de la structure. Les vecteurs Z_{K1} passent par les directions des liaisons actives, c'est-à-dire les liaisons actionnées entre la base et les premiers segments K1. Les vecteurs Z_{K2} passent par les directions des liaisons passives entre les deux segments K1 et K2 de chaque bras. Les vecteurs Z_{K3} passent par les directions des liaisons appartenant à la plateforme mobile. Le vecteur Z_E est porté par la normale à la plateforme. Avec K = A, B ou C.

Ainsi, trois angles peuvent être définis pour chaque bras. D'abord, l'angle actif α_K entre les vecteurs Z_{K1} et Z_{K2} qui définit l'ouverture du segment actif K1. Ensuite, l'angle passif β_K entre les vecteurs Z_{K2} et Z_{K3} qui définit l'ouverture du segment passif K2. Enfin, l'angle plateforme γ_K entre les vecteurs Z_{K3} et Z_E qui définit les dimensions de la plateforme.

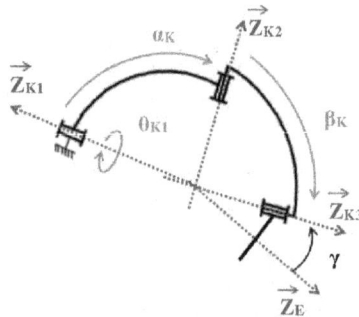

Figure 4.5. Nomenclature de paramètres de conception sur un bras.

Les paramètres articulaires θ_{Ki} correspondent aux angles de rotation entre les segments d'indice Ki et Ki+1. Les trois coordonnées θ_{K1} sont les positions angulaires des trois premières liaisons actives (R) de chaque bras RRR. Il s'agit de la rotation des segments K1 autour des axes $\mathbf{Z}_{K1}$ (avec K = A, B ou C).

Dans des travaux antérieurs, les axes actifs (correspondant à la base) étaient positionnés de façon orthogonale entre eux [Laribi 11]. La base ainsi formée avait la forme d'un trièdre orthogonal. Ici, l'orientation des vecteurs $\mathbf{Z}_{K1}$ est introduite et fera l'objet d'un paramètre qui conditionne les dimensions de la base. Ainsi, ω_A, ω_B et ω_C représentent respectivement les angles entre les vecteurs $\mathbf{Z}_{A1}$, $\mathbf{Z}_{B1}$ et $\mathbf{Z}_{C1}$ et les vecteurs $\mathbf{X}$, $\mathbf{Y}$ et $\mathbf{Z}$ du repère de référence. Nous supposons que chacun de ces axes actifs se trouve dans un plan formé par un vecteur unitaire et le vecteur central $\mathbf{Z}_0$ de coordonnées $[1/\sqrt{3} \quad 1/\sqrt{3} \quad 1/\sqrt{3}]$. Les plans supportant les vecteurs unitaires sont orientés de 120° les uns par rapport aux autres autour de l'axe central portant le vecteur $\mathbf{Z}_0$. Sur la Figure 4.6, on voit que si cet angle ω est positif, on parle de « fermer la structure » et dans le cas contraire, on « ouvre la structure ».

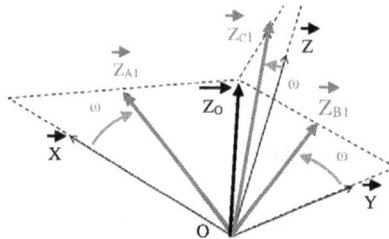

Figure 4.6. Présentation du paramètre lié à la base de la structure (ω).

Pour les APS, le nombre de paramètres de conception peut être varié suivant les hypothèses émises. En effet, une structure dont les segments sont homogènes par exemple, sera plus simple à étudier qu'une structure avec des segments dont les longueurs sont libres. Des d'hypothèses structurelles sont donc envisagées pour la définition de l'aspect général de l'architecture.

La base de la structure par exemple, peut être triédrique. C'est-à-dire que les vecteur $\mathbf{Z}_{K1}$, $\mathbf{Z}_{K2}$ et $\mathbf{Z}_{K3}$ sont respectivement confondus avec les vecteurs $\mathbf{X}$, $\mathbf{Y}$ et $\mathbf{Z}$. Les angles ω_K sont alors nuls. Une base libre implique que les angles ω_K sont différents les uns des autres. Si elle est symétrique, cela signifie que les angles ω_K sont égaux et on a $\omega_K = \omega$ avec K = A, B et C.

Egalement, la plateforme peut être symétrique ou non. Les hypothèses sont les mêmes que pour la base. On a donc les angles γ_K égaux ou différents. Les plans qui supportent les angles γ_K sont orientés de 120° les uns par rapport aux autres autour de l'axe portant le vecteur $\mathbf{Z_E}$.

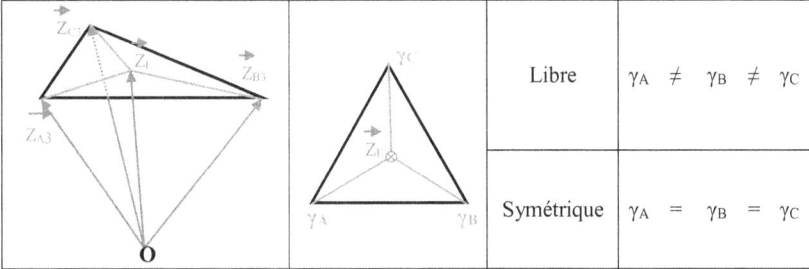

		Libre	γ_A	$\neq$	γ_B	$\neq$	γ_C
		Symétrique	γ_A	$=$	γ_B	$=$	γ_C

Figure 4.7. Hypothèses possibles pour le paramètre de la plateforme (γ).

Les bras de la structure sont composées chacun de deux segments. Pour un bras donné, les segments qui le constituent peuvent être d'ouvertures égales ou différentes. De plus, les trois bras qui constituent la structure peuvent être symétriques entre eux ou bien libres. Il y a donc quatre cas de figure différents pour lesquels la structure peut avoir des bras libres, homogènes, symétriques ou fixes.

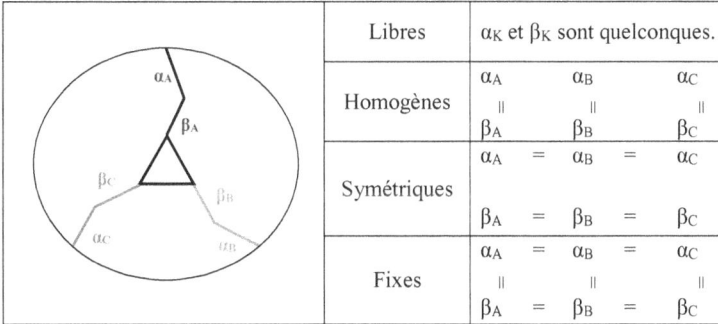

		Libres	α_K et β_K sont quelconques.		
	Homogènes	α_A $\parallel$ β_A		α_B $\parallel$ β_B	α_C $\parallel$ β_C
	Symétriques	α_A $=$ β_A $=$	α_B $=$ β_B $=$	α_C β_C	
	Fixes	α_A $=$ $\parallel$ β_A $=$	α_B $=$ $\parallel$ β_B $=$	α_C $\parallel$ β_C	

Figure 4.8. Hypothèses possibles pour les paramètres des bras (α et β).

Le Tableau 4.1 recense les différents types d'APS en fonction des hypothèses structurelles mentionnées ci-dessus. La dimension du vecteur de conception peut aller de deux paramètres de conception pour la structure la plus simple (type 4) à douze pour la plus complexe (type 21). Laribi avait opté pour une structure à base triédrique, bras libres et plateforme symétrique (type 1) [Laribi 11]. Il obtenait alors un vecteur de conception à sept paramètres. Cependant, les valeurs des paramètres de conception optimisés qu'il obtenait correspondent à une structure dont les bras seraient symétriques (type 3). Ce retour d'expérience est mis à contribution pour sélectionner le type d'APS à étudier. Pour son architecture, la base, les bras et la plateforme seront symétriques. A la différence que nous souhaitons avoir une base symétrique et non triédrique. Ce qui correspond à une structure de type 11.

85

Organes	Base			Plateforme		Bras				Nb de
Type	Tri.	Sym.	Lib.	Sym.	Lib.	Lib.	Hom.	Sym.	Fix.	paramètres indépendants
1	X			X	X					7
2	X			X			X			4
3	X			X				X		3
4	X			X					X	2
5	X				X	X				9
6	X				X		X			6
7	X				X			X		5
8	X				X				X	4
9		X		X		X				8
10		X		X			X			5
11		X		X				X		4
12		X		X					X	3
13		X			X	X				10
14		X			X		X			7
15		X			X			X		6
16		X			X				X	5
17			X	X		X				10
18			X	X			X			7
19			X	X				X		6
20			X	X					X	5
21			X		X	X				12
22			X		X		X			9
23			X		X			X		8
24			X		X				X	7

Tableau 4.1. Nombre de paramètres de conception en fonction des hypothèses structurelles.

Pour cette architecture sélectionnée, on définit le vecteur de conception I dont les termes sont les paramètres de conception, I = [$\omega,\alpha,\beta,\gamma$] ; on parlera d'individus par la suite. La Figure 4.9 illustre les paramètres de conception d'une APS de type 11.

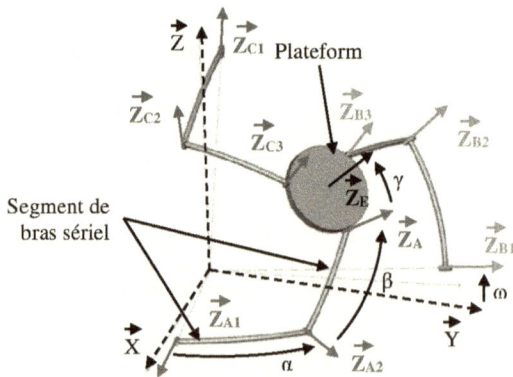

Figure 4.9. Présentation des paramètres de conception de la structure sélectionnée.

86

4.2.3. Modèle géométrique direct (MGD)

Pour pouvoir l'établir, il faut au préalable connaître l'assemblage de son mécanisme ainsi que le type des liaisons entre les différents solides qui le constituent. On rappelle que l'APS est une association de trois mécanismes sériels sphériques RRR. Pour cette structure particulière, les trois chaînes cinématiques sont étudiées séparément. Il s'agit d'exprimer les coordonnées des vecteurs liés à la plateforme en fonction des paramètres articulaires et des paramètres de conception. Ces vecteurs sont obtenus par des rotations successives autour d'axes préalablement définis. On définit trois types de rotations : les rotations R_X, R_Y et R_Z sont respectivement des rotations autour des axes X, Y et Z du repère de référence. $R_X(\alpha)$ par exemple, est une rotation d'angle α autour de l'axe X.

On distingue les vecteurs liés aux axes de chaque bras. Pour les bras A, B et C, on part respectivement de vecteurs unitaires X, Y et Z du repère lié à la structure. Puis on leur fait subir entre 2 et 6 rotations suivant l'axe considéré.

Ainsi, pour les axes actifs Z_{A1}, Z_{B1} et Z_{C1}, on calcule :

$$\vec{Z}_{A1} = R_X\left(\pi/4\right) \cdot R_Z(\omega) \cdot \vec{X} \tag{4.1}$$

$$\vec{Z}_{B1} = R_Y\left(\pi/4\right) \cdot R_X(\omega) \cdot \vec{Y} \tag{4.2}$$

$$\vec{Z}_{C1} = R_Z\left(\pi/4\right) \cdot R_Y(\omega) \cdot \vec{Z} \tag{4.3}$$

Et les axes des liaisons passives sont obtenus par les expressions suivantes :

$$\vec{Z}_{A2} = R_X(\theta_{A1}) \cdot R_Z(\alpha) \cdot \vec{Z}_{A1} \tag{4.4}$$

$$\vec{Z}_{B2} = R_Y(\theta_{B1}) \cdot R_X(\alpha) \cdot \vec{Z}_{B1} \tag{4.5}$$

$$\vec{Z}_{C2} = R_Z(\theta_{C1}) \cdot R_{\bar{Y}}(\alpha) \cdot \vec{Z}_{C1} \tag{4.6}$$

Les axes liés aux fixations de la plateforme sont calculés de la même façon.

$$\vec{Z}_{A3} = R_X(\theta_{A2}) \cdot R_Z(\beta) \cdot \vec{Z}_{A2} \tag{4.7}$$

$$\vec{Z}_{B3} = R_Y(\theta_{B2}) \cdot R_X(\beta) \cdot \vec{Z}_{B2} \tag{4.8}$$

$$\vec{Z}_{C3} = R_Z(\theta_{C2}) \cdot R_{\bar{Y}}(\beta) \cdot \vec{Z}_{C2} \tag{4.9}$$

L'axe normal à la plateforme lui, peut être calculé à partir de l'un des trois derniers axes.

$$\vec{Z}_E = R_X(\theta_{A3}) \cdot R_Z(\gamma) \cdot \vec{Z}_{A3} \tag{4.10}$$

$$\vec{Z}_E = R_Y(\theta_{B3}) \cdot R_X(\gamma) \cdot \vec{Z}_{B3} \tag{4.11}$$

$$\vec{Z}_E = R_Z(\theta_{C3}) \cdot R_{\bar{Y}}(\gamma) \cdot \vec{Z}_{C3} \tag{4.12}$$

4.2.4. Modèle géométrique inverse (MGI)

Dans le cas d'une APS, on peut compter un MGI par bras. Et pour chacun d'entre eux, il s'écrit de la manière qui suit :

$$\vec{Z}_{K2} \cdot \vec{Z}_{K3} = \cos(\beta), \tag{4.13}$$

Avec K = A, B ou C.

Concrètement, il s'agit pour une orientation donnée de l'effecteur de retrouver pour chaque bras, le paramètre articulaire θ_{K1} qui va orienter l'axe Z_{K2} de façon à vérifier la valeur de l'angle β qui le sépare de l'axe Z_{K3}. Pour un bras de la structure, vérifier cette équation signifie que sa géométrie et sa configuration articulaire lui permet d'atteindre l'orientation désirée. Si les trois MGI sont vérifiés, alors cette orientation est atteignable par l'ensemble de la structure. La première étape consiste à développer les expressions de Z_{K2} et de Z_{K3} en fonction des paramètres de conception du bras considéré et de son paramètre articulaire. Ainsi, les expressions des vecteurs actifs sont obtenues par la même méthode que pour le MGD.

On peut calculer ainsi pour le bras A :

$$
\begin{bmatrix} x_{\vec{Z}_{A2}} \\ y_{\vec{Z}_{A2}} \\ z_{\vec{Z}_{A2}} \end{bmatrix} = \begin{bmatrix} \cos\alpha\cos\omega - \cos\theta_A\sin\alpha\sin\omega \\ \cos\dfrac{\pi}{4}(\cos\theta_{A1}\cos\omega\sin\alpha + \cos\alpha\sin\omega) - \sin\dfrac{\pi}{4}\sin\theta_{A1}\sin\alpha \\ \cos\theta_{A1}\cos\omega\sin\dfrac{\pi}{4}\sin\alpha + \cos\dfrac{\pi}{4}\sin\theta_{A1}\sin\alpha + \cos\alpha\sin\dfrac{\pi}{4}\sin\omega \end{bmatrix} \tag{4.14}
$$

Pour les bras B et C, on obtient :

$$
\begin{bmatrix} x_{\vec{Z}_{B2}} \\ y_{\vec{Z}_{B2}} \\ z_{\vec{Z}_{B2}} \end{bmatrix} = \begin{bmatrix} \cos\theta_{B1}\cos\omega\sin\dfrac{\pi}{4}\sin\alpha + \cos\dfrac{\pi}{4}\sin\theta_{B1}\sin\alpha + \cos\alpha\sin\dfrac{\pi}{4}\sin\omega \\ \cos\alpha\cos\omega - \cos\theta_{B1}\sin\alpha\sin\omega \\ -\sin\dfrac{\pi}{4}\sin\theta_{B1}\sin\alpha + \cos\dfrac{\pi}{4}(\cos\theta_{B1}\cos\omega\sin\alpha + \cos\alpha\sin\omega) \end{bmatrix} \tag{4.15}
$$

$$
\begin{bmatrix} x_{\vec{Z}_{C2}} \\ y_{\vec{Z}_{C2}} \\ z_{\vec{Z}_{C2}} \end{bmatrix} = \begin{bmatrix} -\sin\dfrac{\pi}{4}\sin\theta_{C1}\sin\alpha + \cos\dfrac{\pi}{4}(\cos\theta_{C1}\cos\omega\sin\alpha + \cos\alpha\sin\omega) \\ \cos\theta_{C1}\cos\omega\sin\dfrac{\pi}{4}\sin\alpha + \cos\dfrac{\pi}{4}\sin\theta_{C1}\sin\alpha + \cos\alpha\sin\dfrac{\pi}{4}\sin\omega \\ \cos\alpha\sin\omega - \cos\theta_{C1}\sin\alpha\sin\omega \end{bmatrix} \tag{4.16}
$$

Les vecteurs liés à la plateforme sont calculés ici différemment. En effet, leur expression fait intervenir les paramètres articulaires θ_{K2}. Or, les méthodes de résolution du MGI connues ne permettent pas de déterminer touts les paramètres articulaires en même temps. Seuls les premiers paramètres articulaires θ_{K1} seront identifiés dans un premier temps. Les vecteurs Z_{K3} seront obtenus en partant du vecteur normal à la plateforme. Ce vecteur dépend de l'orientation de la plateforme décrite par les angles d'Euler.

$$
\vec{Z}_{A3} = M_E \cdot R_Y(\gamma) \cdot \vec{Z} \tag{4.17}
$$

$$
Z_{B3} = M_E \cdot R_Z\left(\frac{2\pi}{3}\right) \cdot R_Y(\gamma) \cdot \vec{Z} \tag{4.18}
$$

$$
Z_{C3} = M_E \cdot R_Z\left(-\frac{2\pi}{3}\right) \cdot R_Y(\gamma) \cdot \vec{Z} \tag{4.19}
$$

Avec M_E : matrice rotation des angles d'Euler.

$$
\begin{bmatrix} x_{\vec{Z}_{A3}} \\ y_{\vec{Z}_{A3}} \\ z_{\vec{Z}_{A3}} \end{bmatrix} = \begin{bmatrix} \cos\gamma\cos\psi\sin\theta + \sin\dfrac{\pi}{3}\sin\gamma\,(\cos\theta\cos\psi\sin\varphi + \cos\varphi\sin\psi)\ ... \\ + \cos\dfrac{\pi}{3}\sin\gamma\,(\cos\theta\cos\varphi\cos\psi - \sin\varphi\sin\psi) \\ \cos\gamma\sin\theta\sin\psi + \sin\gamma\,(\cos\dfrac{\pi}{3}(\cos\psi\sin\varphi + \cos\theta\cos\varphi\sin\psi)\ ... \\ -\sin\dfrac{\pi}{3}(\cos\varphi\cos\psi - \cos\theta\sin\varphi\sin\psi)) \\ \cos\gamma\cos\theta - \cos(\dfrac{\pi}{3}(\pi - 3\varphi))\sin\varphi\sin\theta \end{bmatrix} \tag{4.20}
$$

$$\begin{bmatrix} x_{\vec{Z}_{B3}} \\ y_{\vec{Z}_{B3}} \\ z_{\vec{Z}_{B3}} \end{bmatrix} = \begin{bmatrix} \cos\gamma\cos\psi\sin\theta - \sin\dfrac{\pi}{3}\sin\gamma\,(\cos\theta\cos\psi\sin\varphi + \cos\varphi\sin\psi) \ldots \\ + \cos\dfrac{\pi}{3}\sin\gamma\,(\cos\theta\cos\varphi\cos\psi - \sin\varphi\sin\psi) \\ \cos\gamma\sin\theta\sin\psi + \sin\gamma\left(\cos\dfrac{\pi}{3}(\cos\psi\sin\varphi + \cos\theta\cos\varphi\sin\psi)\right)\ldots \\ + \sin\dfrac{\pi}{3}(\cos\varphi\cos\psi - \cos\theta\sin\varphi\sin\psi) \\ \cos\gamma\cos\theta - \cos\left(\dfrac{\pi}{3} + \varphi\right)\sin\gamma\sin\theta \end{bmatrix} \quad (4.21)$$

$$\begin{bmatrix} x_{\vec{Z}_{C3}} \\ y_{\vec{Z}_{C3}} \\ z_{\vec{Z}_{C3}} \end{bmatrix} = \begin{bmatrix} -\cos\theta\cos\varphi\cos\psi\sin\gamma + \cos\gamma\cos\psi\sin\theta + \sin\gamma\sin\varphi\sin\psi \\ \cos\gamma\sin\theta\sin\psi - \sin\gamma\,(\cos\psi\sin\varphi + \cos\theta\cos\varphi\sin\psi) \\ \cos\gamma\cos\theta + \cos\varphi\sin\gamma\sin\theta \end{bmatrix} \quad (4.22)$$

Puis on cherche à isoler le paramètre articulaire pour retrouver sa valeur. On obtient alors une équation dans laquelle apparaissent un cosinus et un sinus du paramètre articulaire.

$$L_K \cos\theta_{K1} + M_K \sin\theta_{K1} - N_K = 0 \quad (4.23)$$

A noter que l'on utilise les variables L_K, M_K et N_K pour simplifier l'équation. Deux méthodes différentes méthodes peuvent être utilisées pour déterminer θ_{K1}. Une méthode polynomiale est basé sur la résolution d'une équation du second degré de la forme suivante :

$$A_K * T^2 + B_K * T + C_K = 0 \quad (4.24)$$

Avec $A_K = N_K - L_K$, $B_K = 2 * M_K$ et $C_K = (N_K + L_K)$

Une autre méthode, trigonométrique, est basée sur les formules de transformation de coordonnées cartésiennes en coordonnées polaires. Les calculs pour ces deux méthodes sont détaillés en Annexe C.

4.2.5. Modèle cinématique

Pour établir le modèle cinématique de l'APS, on commence par écrire le modèle géométrique inverse de chaque bras donné par l'équation (4.13). Puis on dérive cette équation pour obtenir :

$$\dot{Z}_{K2} Z_{K3} + Z_{K2} \dot{Z}_{K3} = 0 \quad (4.25)$$

Avec $\dot{Z}_{K2} = \dot{\theta}_{K1} Z_{K1} \wedge \dot{Z}_{K2}$, $\dot{Z}_{K3} = \omega_E \wedge Z_{K3}$ et ω_E est la vitesse angulaire de l'effecteur du robot. On introduit ces expressions dans l'équation précédente :

$$\dot{\theta}_{K1} Z_{K1} \wedge Z_{K2} Z_{K3} + Z_{K2} \omega_E \wedge Z_{K3} = 0 \quad (4.26)$$

En utilisant les propriétés du produit mixte pour simplifier l'équation (4.26), on obtient :

$$-\dot{\theta}_{K1} (Z_{K1} \wedge Z_{K3})^T Z_{K2} = (Z_{K3} \wedge Z_{K2})^T \omega \quad (4.27)$$

Le modèle cinématique de la structure peut alors être écrit sous forme matricielle :

$$B * \dot{\theta} = A * \omega \quad (4.28)$$

Avec $\quad A = [Z_{A3} \wedge Z_{A2} \quad Z_{B3} \wedge Z_{B2} \quad Z_{C3} \wedge Z_{C2}]^T \quad (4.29)$

$B = \mathrm{diag}[(Z_{A1} \wedge Z_{A3})^T Z_{A2} \quad (Z_{B1} \wedge Z_{B3})^T Z_{B2} \quad (Z_{C1} \wedge Z_{C3})^T Z_{C2}] \quad (4.30)$

$\dot{\theta} = [\dot{\theta}_{A1} \quad \dot{\theta}_{B1} \quad \dot{\theta}_{C1}]^T \quad (4.31)$

La matrice jacobienne de l'APS s'écrit alors :

$$J = B^{-1} * A \quad (4.32)$$

Les matrices **A** et **B** sont respectivement les matrices jacobiennes sérielle et parallèle. Il est possible de rencontrer deux types de singularités dans une APS : les singularités parallèles et sérielles.

4.3. Critères de performances géométriques et cinématiques

Une architecture cinématique pourvue de paramètres de conception ayant été bien définis, il s'agit pour la suite de l'optimiser afin de lui conférer les meilleures performances possibles. Il existe plusieurs critères de performance. Ceux-ci doivent être choisis en fonction des spécifications du robot. Ils constituent une traduction scientifique des qualités exigées par les professionnels de la santé.

4.3.1. Espace de travail

Dans notre étude, l'espace de travail est un critère important. En effet, il est spécifié dans le cahier des charges que le manipulateur esclave doit être capable d'atteindre toutes les orientations d'un espace conique. Afin de pouvoir étudier cette particularité pour un manipulateur donné, il faut au préalable la traduire en une donnée chiffrée. Des expérimentations sur l'analyse du geste expert ainsi que des discussions avec le personnel médical ont permis d'établir que le robot devait avoir un espace de travail minimal comparable à un cône de demi-angle θ_{ws}.

L'espace de travail d'un robot est le volume constitué par l'ensemble des positions et orientations atteignables par son organe terminal. En général, les robots peuvent déplacer leur effecteur en position et en orientation. L'espace de travail en position peut être facilement représenté par le volume balayé par l'effecteur d'un robot. Dans la littérature, on peut trouver plusieurs études s'y rapportant. Par exemple, Laribi a travaillé sur l'optimisation d'un robot DELTA afin de décrire un espace de travail prescrit [Laribi 07]. Il avait pour cela opté pour l'utilisation d'une méthode globale d'optimisation basée sur les algorithmes génétiques. Kosinska a présenté un algorithme pour la synthèse d'un manipulateur parallèle dont l'espace de travail contient des positions désignées [Kosinska 11]. L'espace de travail en orientation est lui, plus compliqué à déterminer et à représenter. Ce problème a fait l'objet de moins d'investigations. Une étude sur l'espace d'orientation d'un mécanisme parallèle type « Stewart » a été faite par Romdhane [Romdhane 94]. Pour un point de l'espace donné, un algorithme permet de déterminer l'espace d'orientation représenté sous la forme d'une pyramide creuse inversée. Bai a présenté une méthode visant à modéliser l'espace d'orientation d'une architecture parallèle sphérique [Bai 10]. L'utilisation des paramètres d'Euler lui permet de s'affranchir des problèmes de singularité et de formuler les équations sous forme polynomiale. Gregorio a proposé une procédure pour la synthèse dimensionnelle d'une architecture parallèle [Gregorio 07]. Cette procédure prend en compte la gestion des singularités ainsi que l'espace de travail.

Il existe deux façons de formuler le problème lié à l'espace de travail. On peut soit déterminer l'espace de travail d'une architecture mécanique donnée, soit générer une structure ayant un espace de travail imposé. Ici, nous optons pour la seconde formulation. En effet, l'espace de travail est souvent décrit dans la littérature comme un critère à optimiser. Dans notre cas, il s'agira d'une contrainte. La structure optimale recherchée sera celle dont l'espace de travail comprend l'espace de travail prescrit, déterminé par capture de mouvement. Ainsi, l'espace de travail apparaît dans le problème d'optimisation comme une contrainte et non pas comme un critère.

Pour déterminer si une orientation est atteignable par un bras de l'APS, il suffit de vérifier si son MGI a une solution pour l'orientation demandée. Pour qu'elle soit atteignable par l'APS, il faut vérifier que le MGI de chaque bras soit résolvable. Dans le paragraphe 4.2.4. , nous avons vu que ce MGI n'était résolvable que sous certaines conditions. Si on utilise la méthode polynomiale, on vérifie l'existence d'une solution à l'équation (4.24). C'est la valeur du discriminant Δ_K qui détermine ou non l'existence d'une solution.

$$\Delta_K = B_K{}^2 - 4 * A_K * C_K$$
$$\Delta_K = (2 * M_K)^2 - 4 * (N_K - L_K) * (N_K + L_K)$$
$$\Delta_K = 4M_K{}^2 - 4N_K{}^2 + 4L_K{}^2 \tag{4.33}$$

Pour qu'il y ait au moins une solution, il faut que : $\Delta_K \geq 0$

$$0 \leq 4M_K{}^2 - 4N_K{}^2 + 4L_K{}^2 \tag{4.34}$$

$$N_K{}^2 \leq M_K{}^2 + L_K{}^2 \tag{4.35}$$

$$\left| \frac{N_K}{\sqrt{M_K{}^2 + L_K{}^2}} \right| \leq 1 \tag{4.36}$$

Si $\left| \dfrac{N_K}{\sqrt{M_K{}^2 + L_K{}^2}} \right| = 1$, alors l'orientation donnée se situe sur la frontière de l'espace de travail du

bras K considéré. A partir de l'équation (4.33), on crée une fonction $S_K(\psi,\theta,\varphi)$ que l'on appelle fonction puissance.

$$S_K = L_K{}^2 + M_K{}^2 - N_K{}^2 \tag{4.37}$$

Trois cas de figure, sont considérés :

- Si $S_K \leq 0$, alors l'orientation donnée, ψ,θ,φ, est atteignable par le bras K,
- Si $S_K = 0$, alors avec l'orientation, ψ,θ,φ, est sur la frontière de l'espace conique,
- Si $S_K > 0$, alors l'orientation donnée, ψ,θ,φ, n'est pas atteignable par le bras K.

Maintenant que nous savons comment déterminer qu'une orientation est atteignable ou pas par le robot, il reste à mettre en place la formulation permettant de quantifier l'espace de travail en orientation. Il s'agit de balayer un ensemble d'orientations en vérifiant pour chacune d'elles si les trois MGI sont résolvables. A ce niveau, on vérifiera la valeur des fonctions puissances S_K. Cet ensemble d'orientations formant un cône de demi-angle θ_{ws} peut être décrit de la manière suivante :

$$WS = \sum_{\psi=0}^{2\pi} \sum_{\theta=0}^{\theta_{ws}} \sum_{\varphi=0}^{\pi} \Delta\psi * \Delta\theta * \Delta\varphi \tag{4.38}$$

Nous avons établi par ailleurs que la rotation propre de l'organe terminal sera assurée par un actionneur découplé et non par les bras de la structure. Sa position dans l'espace reste indépendante de la rotation propre. Il n'est donc pas nécessaire de l'intégrer dans cette formulation. On obtient alors :

$$WS = \sum_{\psi=0}^{2\pi} \sum_{\theta=0}^{\theta_{ws}} \Delta\psi * \Delta\theta \tag{4.39}$$

Une expression intégrant la fonction puissance est ensuite intégrée.

$$WS_{I=[\omega,\alpha,\beta,\gamma]} = \sum_{\psi=0}^{2\pi} \sum_{\theta=0}^{\theta_{ws}} P(\psi,\theta) * \Delta\psi * \Delta\theta \qquad (4.40)$$

Avec $P(\psi,\theta)$: fonction binaire déterminant l'accessibilité d'une orientation et construite de la façon suivante :
$$\begin{cases} P(\psi,\theta) = 0 \text{ si } S_{A,B,C}(\psi,\theta) \geq 0 & \text{(orientation inaccessible)} \\ P(\psi,\theta) = 1 \text{ si } S_{A,B,C}(\psi,\theta) < 0 & \text{(orientation accessible)} \end{cases}$$

A noter le sens d'exclusion du zéro. Même si une fonction S_K est nulle, on annule l'accessibilité du point afin de rejeter toute singularité de frontière sérielle. Suivant le maillage définit sur ψ et θ, cette variable indique le nombre d'orientation par le robot dans un espace donnée. Cet espace est globalement défini par la valeur de θ_{ws}.

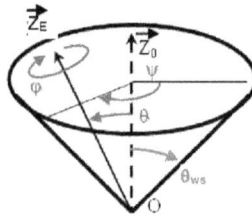

Figure 4.10. Représentation de l'espace de travail.

Il faut maintenant choisir une méthode de représentation de l'espace de travail d'une architecture parallèle sphérique. Pour évaluer l'espace de travail en position d'un manipulateur parallèle, Ceccarelli a opté pour une représentation qui superpose différentes surfaces dans un espace cartésien [Ceccarelli 05] comme le montre la Figure 4.11. Un point atteignable y est représenté par un élément de cette surface. La hauteur à laquelle elle se situe est représentée par la coordonnée Z. Les coordonnées X et Y sont déterminées par la position de cet élément sur cette surface.

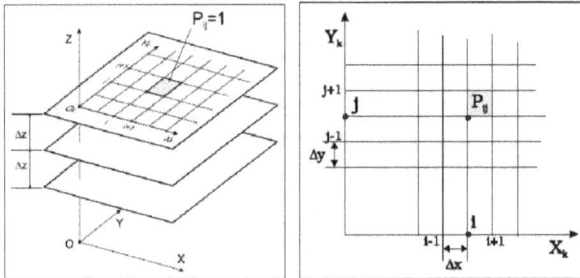

Figure 4.11. Schéma de représentation de l'espace de travail en position [Ceccarelli 05].

Laribi a adapté cette méthode pour un espace de travail en orientation [Laribi 11]. Les éléments de surfaces ne sont plus localisés dans un système de coordonnées cartésiennes mais de coordonnées polaires. Les surfaces ne sont plus carrées mais circulaires (voir Figure 4.12). Cependant, l'utilisation d'un maillage très fin permet d'approcher ces surfaces en surfaces « quasi rectangulaires » et de ne pas modifier la formulation du problème d'optimisation.

92

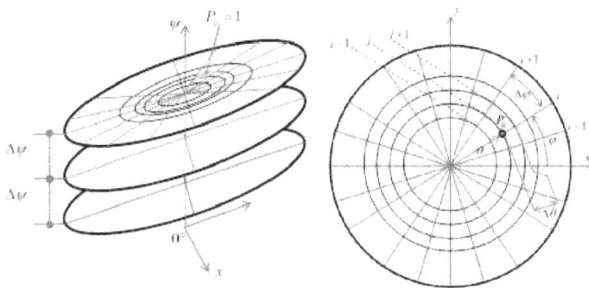

Figure 4.12. Schéma de représentation de l'espace de travail en orientation [Laribi 11].

Nous savons au préalable que la plateforme de l'APS se déplace en orientation autour de son centre de rotation. Deux contraintes d'ordre géométrique sont par conséquent associées à cet organe. Premièrement : il se déplace sur une surface sphérique. Deuxièmement : la position dans l'espace de cet organe dépend de son orientation autour du centre de rotation. L'espace de travail sera représenté dans l'espace cartésien pour faciliter son interprétation. Une orientation atteignable par le robot sera portée par un vecteur défini par le centre de rotation et un point de coordonnées cartésiennes correspondant à cette orientation.

Chaque point de cette surface est repéré par les coordonnées sphériques (ψ_{obj},θ_{obj}). Le vecteur $\mathbf{Z_{obj}}$ représente l'axe de l'orientation à atteindre. Il localise aussi le point, intersection entre la direction portée par $\mathbf{Z_{obj}}$ et la surface sphérique unitaire (Figure 4.13). Le vecteur est comme suit :

$$\vec{Z}_{obj} = R_Z(\psi_{obj}) * R_X(\theta_{obj}) * \vec{Z}_0 \qquad (4.41)$$

Maintenant que l'ensemble des vecteurs $\mathbf{Z_{obj}}$ pointant l'ensemble des points atteignables par la structure et par chacun de ses bras sont définis, on peut construire graphiquement l'espace de travail d'une structure donnée. La Figure 4.13 montre un exemple de représentation de l'espace de travail d'une APS. Les points atteignables et nécessaires pour l'espace de travail défini apparaissent en vert. Les points bleus sont les points atteignables mais extérieurs à cet espace. Les axes actifs du robot sont représentés par les segments rouges.

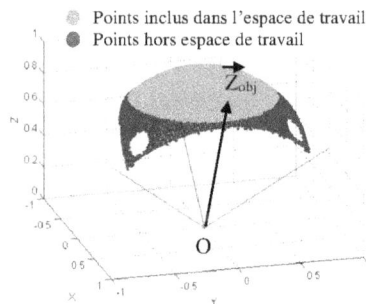

Figure 4.13. Schéma de représentation de l'espace de travail sélectionné.

4.3.2. Performance cinématique

Une amélioration du suivi de trajectoire est garantie du fait du passage d'une structure sérielle à une structure parallèle pour le robot esclave d'échographie. Cependant, il ne s'agit pas d'un critère de première importance pour les experts médicaux. En effet, ces derniers n'ont pas réellement besoin de connaitre l'orientation exacte de la sonde distante car ils manipulent la commande uniquement en fonction du retour d'image échographique reçue. Par contre, il est important que l'évolution de ces images corresponde au mouvement qu'ils réalisent. En définitive, un écart d'angle absolu en position est toléré, il est nécessaire en revanche d'éviter les écarts de trajectoire.

Il faut donc s'assurer que la cinématique du robot garantisse un bon suivi de trajectoire. Ce robot doit être capable de générer des mouvements aléatoires à partir d'une position donnée. Deux types d'indices ont été proposés dans la littérature afin de pouvoir mesurer cette capacité. Il peut s'agir d'indices locaux calculés en un point de l'espace de travail ou globaux qui évaluent la structure sur l'ensemble de son espace de travail. Nous citons ici deux indices locaux.

La manipulabilité, notée w, est décrite par Yoshikawa comme une valeur qui détermine l'éloignement par rapport à une position singulière [Yoshikawa 85]. Yoshikawa propose deux définitions suivant la structure étudiée.

Pour un robot non redondant :

$$w = |\det(J)| \tag{4.42}$$

Pour un robot redondant :

$$w = \sqrt{\det(JJ^T)} = \sqrt{\prod_i \sigma_i} \tag{4.43}$$

Où J est la matrice jacobienne et σ_i sont les valeurs propres de la matrice JJ^T. Les valeurs de cet indice sont comprises dans l'intervalle $[\,0\,;\,+\infty\,[$ et s'annulent sur les positions singulières.

On recense aussi le conditionnement du manipulateur ou indice d'isotropie qui mesure l'isotropie des vitesses de l'effecteur dans la position courante [Angeles 92]. Cet indice noté $\kappa(J)$ est donné par :

$$\kappa(J) = \|J\| * \|J^T\| \tag{4.44}$$

Avec $\|J\| = \sqrt{\operatorname{tr}(JNJ^T)}$ et $N = \frac{1}{n} * I$

I est une matrice identité et n est la dimension de la matrice carrée. Sur une configuration isotrope qui indique un haut niveau de performance cinématique, on obtient $\kappa(J) = 1$. Sur une position singulière, on a $\kappa(J) = +\infty$.

Parmi les indices de performance cinématique globaux, deux sont cités ici. L'indice de conditionnement global ou dextérité globale est proposé par Gosselin. Celui-ci donne la dextérité moyenne sur l'espace de travail d'un robot [Gosselin 91]. Cet indice noté η est calculé à l'aide de la formule suivante :

$$\eta = \frac{\int_w \left(\frac{1}{\kappa(J)}\right) dw}{\int_w dw} \tag{4.45}$$

Ici, c'est l'inverse du nombre de conditionnement qui est calculé en chaque point afin d'obtenir des valeurs comprise dans l'intervalle [0,1] ; on parle alors de dextérité locale. Ces deux valeurs limites correspondent respectivement à une position singulière et à une isotropie. L'indice de conditionnement global varie également entre 0 et 1.

L'indice du conditionnement cinématique Ic prend en compte la plus faible valeur de conditionnement obtenue dans l'espace de travail d'un robot [Angeles 02].

$$Ic = \frac{1}{\kappa_{min}} * 100 \tag{4.46}$$

Où κ_{min} est la valeur minimale de l'indice de conditionnement généré par une structure donnée. Cet indice est donné en pourcentage et indique la plus faible performance rencontrée dans l'espace de travail. Il peut ainsi être interprété comme une garantie de performance minimale.

Dans notre démarche de conception, on cherche à trouver l'APS qui génèrera les meilleures performances cinématiques dans son espace de travail. Les indices globaux permettent d'évaluer rapidement les performances moyennes d'une structure. Pour une analyse plus en détail, il est plus intéressant d'évaluer les performances cinématiques sur l'ensemble de l'espace de travail. Une solution est d'utiliser les indices locaux en les calculant en tout point de cet espace. On rappelle qu'un point de l'espace de travail est repérable par un système à deux coordonnées (ψ, θ). Pour représenter l'évolution des performances cinématiques en fonction de l'orientation de l'effecteur du robot, on choisit d'utiliser une échelle de couleur sur une surface plane représentant l'espace de travail. Pour assurer une interprétation visuelle plus facile, les points de cette surface seront repérés par les coordonnées cartésiennes comme illustré par la Figure 4.14.

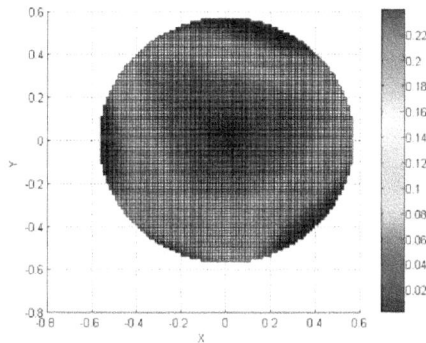

Figure 4.14. Exemple d'évolution des performances cinématiques sur l'espace de travail.

4.3.3. Compacité

Il est précisé dans le cahier des charges que le robot esclave doit être transportable. De plus, celui-ci sera maintenu par un assistant au contact du patient. Par conséquent, le robot doit être aussi léger et compact que possible. Cette caractéristique fera également l'objet d'un critère à évaluer et à optimiser : la compacité.

Il s'agit ici de déterminer pour une configuration donnée du robot, le volume occupé par les différents éléments qui le constituent. Etant donnée la morphologie d'une APS, on comprend aisément qu'il suffit d'étudier l'orientation de ses différents axes. La compacité a été intégrée dans la démarche d'optimisation du robot ESTELE-2 [Nouaille 09]. Le robot PROSIT-1 du projet ANR-PROSIT a été en partie optimisé en tenant compte de l'inclinaison de son axe le plus contraignant en termes de compacité. Sa structure ayant une morphologie assez simple, un seul de ses axes était pris en compte car considéré comme étant le plus contraignant. Dans notre cas, la complexité de la structure et son nombre d'axes rendent une telle approche impossible. En effet, n'importe lequel des axes peut devenir « le plus incliné » suivant la configuration du robot (voir Figure 4.15). Ils seront donc tous pris en compte pour l'évaluation de la compacité.

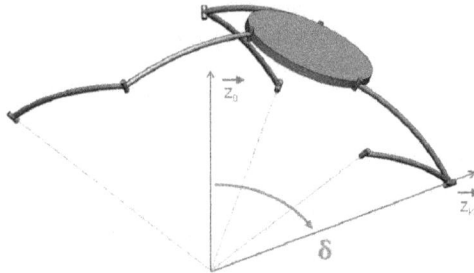

Figure 4.15. Illustration de l'angle le plus contraignant sur une APS.

Pour chaque axe, on calcule l'angle δ_{Ki} qu'il forme avec l'axe central Z_0 de la structure.

$$\delta_{Ki} = \text{acos}(\vec{Z}_0 . \vec{Z}_{Ki}) \qquad (4.47)$$

Pour déterminer l'angle δ de l'axe de plus contraignant du robot pour une configuration donnée, on utilise la formule :

$$\delta = \max_{K,i}(\text{acos}(\vec{Z}_0 . \vec{Z}_{Ki})) \qquad (4.48)$$

Ici, il s'agit d'un angle. Mais on peut toutefois, opter pour une valeur relative qui représente le rapport de cet angle sur un angle de sécurité θ_{max} à ne pas atteindre. La compacité locale λ devient alors :

$$\lambda = 1 - (\delta/\theta_{max}) \qquad (4.49)$$

L'obtention d'une valeur nulle indique que cet angle a été atteint. Il est dépassé si la valeur est négative. Etant donné que la compacité varie en fonction de la position de l'effecteur du robot, il est possible comme pour la dextérité, de calculer ce critère aussi bien en global qu'en local. On peut donc introduire la notion de compacité globale. Pour cela, il suffit d'intégrer la formule (4.48) sur l'espace de travail pour obtenir l'équation suivante :

$$C = \frac{\int_w \lambda dw}{\int_w dw} \qquad (4.50)$$

Il s'agit de la compacité moyenne. D'autres approches sont possibles, on peut calculer sa valeur la plus ou la moins élevée. Il est également intéressant pour une APS donnée, d'étudier l'évolution de la compacité locale sur son espace de travail. Pour sa représentation, nous optons pour une méthode similaire à celle qui a été retenue pour la dextérité ; c'est-à-dire une échelle de couleur sur une surface représentant son espace de travail.

4.4. Optimisation de l'architecture parallèle sphérique

Précédemment, nous avons déterminé les paramètres de conception de notre architecture et présenté les critères suivant lesquels nous la souhaitons optimale. Il s'agit maintenant d'utiliser des méthodes d'optimisation qui permettront de déterminer la valeur des paramètres de conception qui génèreront les meilleures performances. Un ou plusieurs critères peuvent être utilisés pour établir une fonction objective. C'est la valeur de cette fonction qui détermine la qualité d'un individu. Il existe pour cela plusieurs outils. Deux d'entre eux ont été retenus pour mener nos études.

4.4.1. Outils d'optimisation

Il existe de nombreuses méthodes d'optimisation. On peut les classer en deux catégories : les méthodes mono-objectives et les méthodes multi-objectives.

Parmi les méthodes mono-objectives, nous avons opté pour une approche stochastique et d'ordre zéro : l'Algorithme Génétique (AG). Il s'agit d'un outil d'optimisation évolutionnaire basé sur la théorie de l'évolution de Darwin : les individus qui s'adaptent le mieux à leur environnement survivent ; les autres disparaissent. Dans un premier temps, l'algorithme génère une population où le nombre d'individus aura été fixé au préalable. Ces individus subissent des transformations identiques à celles des espèces animales d'une génération à l'autre. L'AG peut ainsi simuler des mutations (modifications aléatoires d'une caractéristique d'un individu), des croisements (créations de nouveaux individus combinant les caractéristiques de deux parents) et des sélections naturelles (évaluations et classements des individus en fonction de leur qualité). Les probabilités relatives aux opérations de mutation et de croisement sont à déterminer par l'utilisateur de l'AG.

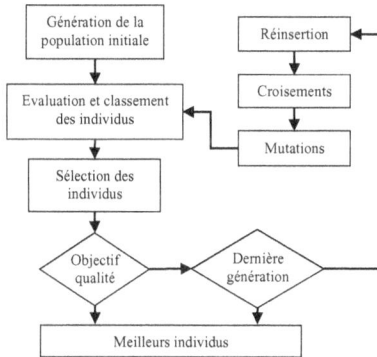

Figure 4.16. Schéma fonctionnel de l'algorithme génétique.

Pour notre application, chaque individu est caractérisé par ses paramètres de conception. Ces individus peuvent se croiser et/ou muter à chaque génération suivant les probabilités imposées à l'AG. La valeur de la fonction objective générée par un individu dépend de ces paramètres. Elle correspond à un ou plusieurs critères de performance et est interprétée par l'AG comme la capacité de survie d'un individu.

Le front de Pareto est une méthode d'optimisation multi-objective. Elle permet de déterminer les meilleurs individus en fonction des valeurs de plusieurs fonctions objectives différentes. Une population de plusieurs individus est représentée sur un graphique en fonction de la valeur de leurs fonctions objectives. A partir de ce nuage de points, on peut alors tracer une frontière qui représente un ensemble d'individu pour lesquels il n'est pas possible d'augmenter la valeur d'une fonction objective sans compromettre une autre. Ces individus sont en fait issus des meilleurs compromis entre différents critères de performance. A titre d'illustration, un exemple de front de Pareto qui maximise les fonctions f_1 et f_2 est présenté en Figure 4.17.

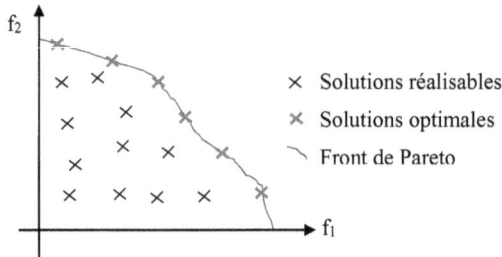

Figure 4.17. Exemple de front de Pareto.

Pour notre application, cette méthode pourrait générer plusieurs solutions présentant les meilleurs compromis entre plusieurs critères ayant des exigences contradictoires en termes de paramètres de conception.

4.4.2. Etudes préliminaires des critères de performance

Nous débutons par une étude préliminaire des critères de performances que nous avons retenus. Cette étude permettra d'apprécier l'évolution de ces performances en fonction de la valeur des paramètres de conception et donc, de déterminer leurs exigences en termes de paramètres de conception.

4.4.2.1.   Espace de travail requis

Il est possible d'optimiser une APS afin qu'elle dispose du plus grand espace de travail possible. Cependant, le cahier des charges du manipulateur précise qu'un espace de travail conique de demi-angle $\theta_{ws} = 35°$ est nécessaire et suffisant pour la télé-échographie. L'espace de travail est donc considéré ici non pas comme un critère à optimiser mais comme une contrainte à respecter. Tout au long de la démarche d'optimisation, une APS incapable de respecter cette contrainte sera systématiquement éliminée. L'équation (4.40) permettant de déterminer l'espace de travail est prise en considération.

$$WS_{I=[\omega,\alpha,\beta,\gamma]} = \sum_{\psi=0}^{2\pi} \sum_{\theta=0}^{\theta_{ws}} P(\psi,\theta) * \Delta\psi * \Delta\theta \tag{4.51}$$

Avec les mêmes conditions sur la fonction puissance d'un point en rotation. A noter que la valeur de θ_{ws} est désormais connue. Pour vérifier ces conditions sur tous les points de l'espace ci-décrit, il suffit de comparer ce nombre à celui obtenu par l'équation (4.39). Cela revient à comparer le nombre de points atteignables dans un espace donné au nombre total de points de ce même espace.

$$WS = WS_{I=[\omega,\alpha,\beta,\gamma]} \tag{4.52}$$

L'équation (4.52) est donc la condition à respecter pour l'APS.

En termes de programmation, il faudrait donc balayer tout l'espace de travail de la structure pour vérifier l'accessibilité des points puis comparer $WS_{I=[\omega,\alpha,\beta,\gamma]}$ à WS ; ce qui implique un balayage pouvant s'avérer long suivant les caractéristiques du maillage. Pour gagner du temps lors de l'exécution des algorithmes d'optimisation, il a été choisi pour chaque point de vérifier son accessibilité et de rejeter la structure dès lors que la fonction puissance $P(\psi,\theta)$ est nulle. Dans le cas contraire, l'indice de performance associé au point de coordonnées (ψ,θ) est immédiatement calculé pour ne pas devoir refaire une boucle. Ainsi, si un seul des points de l'espace de travail nécessaire n'est pas accessible, l'APS candidate est rejetée aussitôt.

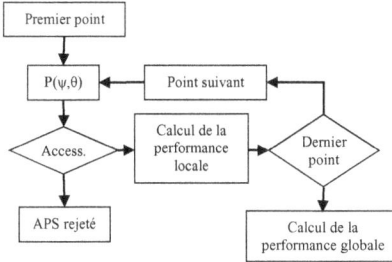

Figure 4.18. Organigramme général d'évaluation d'une APS.

4.4.2.2. Etude sur la dextérité

Le premier critère analysé est la dextérité globale, η. Il indique le niveau de performance cinématique d'un manipulateur donné. A ce niveau d'étude, l'algorithme génétique est utilisé pour la recherche de l'APS capable de générer la meilleure dextérité. Les individus représentant les différentes structures sont évalués en fonction de leur dextérité globale. La formule (4.45) est intégrée à la fonction objective qui devient :

$$\eta_{I=[\omega,\alpha,\beta,\gamma]} = \frac{\sum_{\psi=0}^{2\pi} \sum_{\theta=0}^{\theta_{ws}} \frac{1}{\kappa(J)} * \Delta\psi * \Delta\theta}{\sum_{\psi=0}^{2\pi} \sum_{\theta=0}^{\theta_{ws}} \Delta\psi * \Delta\theta} \tag{4.53}$$

Etant donné que tous les individus sont comparés sur le même espace de travail qui est représenté par le dénominateur de l'équation (4.53), il n'est pas nécessaire en principe de l'intégrer à la fonction objective. Cependant, nous souhaitons que ces individus soient évalués par des valeurs comprises entre 0 et 1. La fonction objective est gardée telle quelle. D'un point de vue algorithmique, les individus sont évalués avec une fonction Matlab qui lance une procédure respectant l'organigramme présenté en Figure 4.18. Les indices de performances locales (ici, la dextérité locale) sont incrémentés tant que les conditions d'accessibilité sont respectées. A la fin, leur somme est divisée par le nombre de points de l'espace de travail pour obtenir la dextérité globale.

Une première simulation est lancée pour une population de 50 individus sur 100 générations. Les intervalles de recherches des paramètres de conception (ω, α, β et γ) sont laissés volontairement très larges.

$$\omega \in [-90; 20], \alpha \in [20; 180], \beta \in [20; 180], \gamma \in [15; 50] \tag{4.54}$$

La valeur minimale du paramètre γ est fixée à $15°$ imposant la dimension minimale nécessaire à la plateforme pour accueillir l'organe terminal du robot. En ce qui concerne le balayage des points de l'espace de travail de chaque individu, le maillage est de 10 points sur l'angle θ et de 36 points sur l'angle ψ ; ce qui représente 360 points à traiter par individu. Ce maillage a été établi ainsi pour limiter la durée d'exécution de l'AG.

Parmi les résultats obtenus sur la dernière génération évaluée, nous avons identifié un individu optimal ayant les caractéristiques suivantes : $I_{opt} = [-59,06°\ 88,38°\ 88,03°\ 35,27°]$. Celui-ci a une dextérité globale de 0,7972. C'est une performance très élevée comparée aux individus des générations précédentes que nous avons pu observer. L'étude de la distribution de sa dextérité locale révèle également des résultats satisfaisants avec une variation de la dextérité allant de 0,5060 à 0,9998. On atteint l'isotropie au centre de l'espace de travail de cette structure.

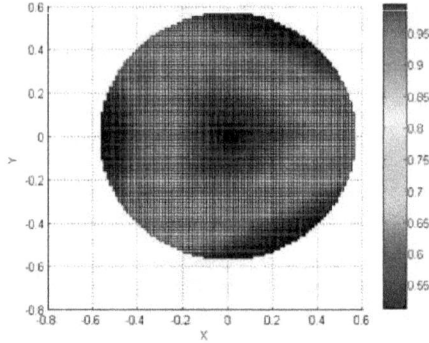

Figure 4.19. Distribution de la dextérité de l'APS ayant la meilleure dextérité globale.

L'examen de la Figure 4.19 montre que la dextérité est maximale au centre de l'espace de travail de l'APS. Elle diminue au fur et la mesure que l'on s'éloigne de son centre mais reste relativement élevée : plus de 0,8 jusqu'à 17° d'inclinaison et plus de 0,7 sur une très grande partie de son espace. Seules trois zones en frontière de l'espace de travail ont une dextérité inférieure à 0,6. Ces zones correspondent à l'approche des axes motorisés de la structure.

Une autre recherche est effectuée dans les mêmes conditions d'évolution de population et de maillage d'espace de travail. Mais cette fois, c'est l'indice de conditionnement cinématique Ic au sens d'Angeles qui est utilisé pour évaluer et sélectionner les individus optimaux. Nous cherchons maintenant la structure ayant la dextérité locale minimale la plus élevée.

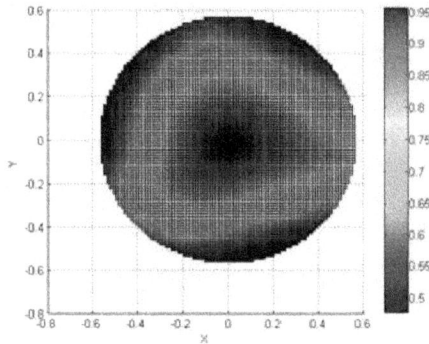

Figure 4.20. Distribution de la dextérité de l'APS ayant le meilleur indice cinématique.

Le résultat de cette simulation est un individu I_{opt} = [-55,35° 111,78° 102,39° 36,26°] dont les performances cinématiques sont elles aussi très élevées. Il garantit une dextérité minimale de 0,4745 sur tout son espace de travail et une dextérité maximale de 0,9543 en son centre. La distribution de cette dextérité est également très satisfaisante. Sa dextérité globale est de 0,7681. Cet individu semble légèrement moins performant que celui issu d'une optimisation basée sur la dextérité globale. Ce dernier avait en effet une dextérité minimale légèrement supérieure et son centre correspondait à une position isotrope. Sa dextérité globale est aussi légèrement plus élevée.

Une dernière recherche pour cette étude préliminaire a été effectuée. Il s'agit cette fois d'évaluer les individus en fonction de la dextérité locale maximale qu'ils peuvent générer. Le résultat est moins satisfaisant : le meilleur individu identifié par l'AG présente une configuration isotrope (0,9999) au centre de son espace de travail mais sa dextérité locale diminue plus rapidement en s'éloignant du centre. La plus faible dextérité enregistrée pour l'individu $I_{opt} = [-46,45°\ 61,51°\ 83,97°\ 41,61°]$ n'est que de 0,1538 ; ce qui est relativement faible par rapport aux résultats issus des deux précédentes recherches. En effet, l'AG cherche ici la dextérité locale la plus élevée et ne prend pas en compte la valeur la plus faible contrairement aux autres approches. La dextérité globale de l'APS obtenue est conséquemment plus faible : 0,6394.

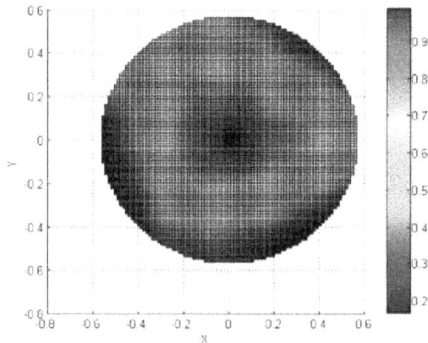

Figure 4.21. Distribution de la dextérité de l'APS ayant la meilleure dextérité locale.

En termes de dimensions, la structure alors obtenue se rapproche d'Agile Eye ou encore de l'interface haptique SHaDe pour lesquels un conséquent travail d'optimisation de critères cinématiques avait été réalisé. Cette comparaison semble confirmer la cohérence de ces premiers résultats.

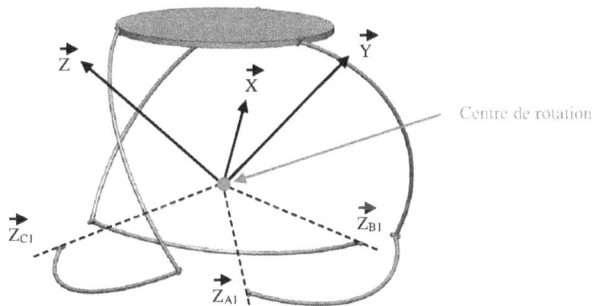

Figure 4.22. Schéma cinématique de l'APS ayant la meilleure dextérité globale

Bien qu'elles aient des performances cinématiques très proches, on note une différence non négligeable au niveau des dimensions des deux premières APS. Leurs bases et plateformes respectives sont assez proches, mais leurs bras ont des dimensions très différentes : environ 23° pour α et 12° pour β. Cependant, même si les deux premières structures sont pratiquement idéales en termes de dextérité, aucune d'entre elles ne peut constituer une solution viable pour notre application. En effet, il a été établi que le centre de rotation de l'APS est le point de contact entre la sonde d'échographie et le corps du patient. Le reste de la structure doit se trouver globalement au dessus de ce point pour éviter toute collision avec le patient. Les APS obtenues par cette première étude ont un centre de rotation au centre même de leur structure comme le montre la Figure 4.22. La tâche souhaitée devient alors irréalisable. Au vu des dimensions des APS obtenues par cette première étude, les contraintes ne sont pas respectées et on peut d'ores et déjà conjecturer sur une compacité insatisfaisante.

Critères \ Résultats	η	Ic	Dextérité maxi	Paramètres
η	0,7972	0,5060	0,9998	-59,06° 88,38° 88,03° 35,27°
Ic	0,7681	0,4745	0,9543	-55,35° 111,78° 102,39° 36,26°
Dextérité maxi	0,6394	0,1538	0,9999	-46,45° 61,51° 83,97° 41,61°

Tableau 4.2. Résultats des simulations sur les différents types de dextérité.

4.4.2.3. Etude sur la compacité

Pour commencer, la compacité globale C a été intégrée comme critère de performance dans les AG pour sélectionner le meilleur individu. A l'instar de la dextérité globale, la compacité globale est calculée par incrémentation de la compacité locale en chaque point tant que celui-ci est atteignable par l'APS puis divisée par le nombre de points testés. L'AG est configuré dans les mêmes conditions que précédemment : 100 générations de 50 individus chacune. Cette fois, les intervalles de recherche des caractères des individus ont été diminués.

$$\omega \in [-20; 20], \alpha \in [20; 75], \beta \in [20; 75], \gamma \in [15; 35] \qquad (4.55)$$

Il est inutile en effet d'avoir de larges dimensions si l'objectif est d'obtenir une APS compacte. Une première recherche a donné un individu I_{opt} = [20° 31,39° 31,29° 15°] dont la compacité sur son espace de travail varie de 0,5524 à 0,2221. L'évolution de la compacité locale sur son espace de travail est représentée sur la Figure 4.23. Sa compacité globale est de 0,3713.

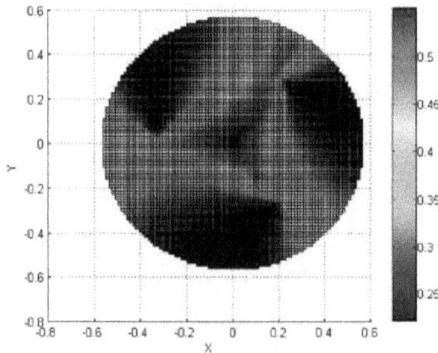

Figure 4.23. Distribution de la compacité de l'APS ayant la meilleure compacité globale.

On cherche maintenant à identifier l'individu ayant la compacité minimale la plus élevée. L'AG a donné cette fois- ci un individu I_{opt} = [20° 28,84° 28,62° 17,29°]. On remarque que les différentes valeurs liées à la compacité sont légèrement plus élevées que celles de la structure identifiée précédemment. La compacité minimale enregistrée sur son espace de travail est de 0,2520. La compacité maximale est de 0,5661. Sa compacité globale est de 0,3868.

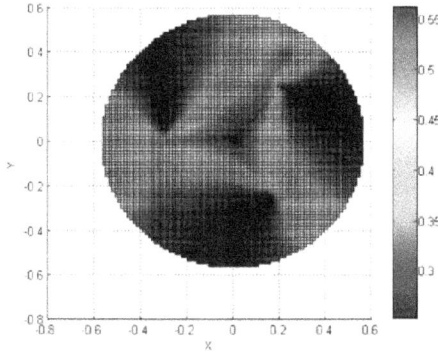

Figure 4.24. Distribution de la compacité de l'APS ayant la meilleure compacité minimale.

Une autre recherche a été effectuée pour maximiser cette fois la compacité maximale. Le meilleur individu identifié : I_{opt} = [-1,92° 55,76° 50,74° 15°]. Malheureusement, sa compacité minimale est de -0,0341 ; une valeur négative qui indique que cet individu dépasse l'angle maximal de sécurité sous certaines configurations. L'angle θ_{max} étant fixé à 85°, la configuration la plus contraignante dépasse cet angle de 2,90° (85 x 0,0341). Par conséquent, une telle APS doit être éliminée pour notre application.

Conformément à nos premières attentes, les APS faisant l'objet d'une optimisation basée sur la compacité présentent des dimensions bien plus faibles que les APS dextres. Nous obtenons maintenant des structures dont les dimensions entrent dans une plage raisonnable pour la tâche d'échographie. Cependant, ces structures ont une dextérité maximale relativement faible qui ne dépasse pas 0,4.

4.4.2.4. Conclusion des études préliminaires

Une optimisation basée uniquement sur la dextérité a donné des APS ayant des performances cinématiques très élevées. Cependant, aucune d'entre elles ne respecte les contraintes géométriques car certains de leurs axes présenteront des collisions externes. Une bonne compacité pour une APS permet de respecter ces contraintes tout en garantissant l'accessibilité de l'espace de travail minimum requis. Mais les APS ainsi obtenues présentent de très faibles performances cinématiques. De plus, la compacité ne garantit visiblement pas le respect de la contrainte de non collision externe.

4.4.3. Optimisation « dextérité – compacité - espace de travail »

Compte tenu des grandes différences pour les structures optimisées par leur dextérité d'une part et par leur compacité d'autre part, on peut logiquement émettre des réserves quant à la possibilité d'obtenir une structure à la fois dextre et compacte. Une optimisation basée sur la maximisation de la valeur d'une fonction objective est réalisée. Il s'agit d'une fonction proposant une pondération entre la dextérité et la compacité. Cette pondération est exprimée par un paramètre ε. Pour un individu I à évaluer, la fonction objective s'écrit :

$$f_\varepsilon(I) = \eta * \varepsilon + C * (1 - \varepsilon) \qquad (4.56)$$

103

Avec ε ∈ [0 ; 1]. Suivant la valeur de ε, la fonction objective accorde plus ou moins d'importance à un critère ou à l'autre. Si ε = 1, seule la dextérité est prise en compte lors de l'évaluation d'un individu. C'est le cas contraire si ε = 0. Si ε = 0,5, les critères ont alors autant d'importance l'un que l'autre. Cette fonction objective a été programmée sous Matlab pour évaluer les différentes APS identifiées par l'AG. La contrainte liée à l'accessibilité de l'espace de travail nécessaire a été prise en compte. Le Tableau 4.3 recense les individus identifiés par l'AG en fonction de la pondération choisie entre la dextérité globale et la compacité globale.

Performances				APS identifiées			
ε	$f_ε$	η	C	ω (°)	α (°)	β (°)	γ (°)
0	0,18402	0,2601	0,1909	-9.589	60.936	46.6217	15
0,1	0,21375	0,24512	0,2146	-10.2969	53.8289	38.813	15
0,2	0,21639	0,374	0,1905	-9.0698	40.0644	36.6901	25.4058
0,3	0,22379	0,4046	0,1615	-12.1642	44.9223	39.4738	25.7137
0,4	0,24157	0,4622	0,1153	-16.7844	48.4593	41.22	29.1425
0,5	0,27712	0,5609	0,021	-25.2531	53.9731	47.2887	32.7225
0,6	0,33963	0,6161	-0,0376	-30.27	58.5738	52.2639	34.3527
0,7	0,39793	0,6067	-0,0299	-29.0178	61.1002	53.818	34.6692
0,8	0,46761	0,6227	-0,0584	-30.27	54.1964	53.5282	35.966
0,9	0,5418	0,6422	-0,1051	-30.27	70	68.323	33.7293
1	0,6205	0,6439	-0,1226	-30.27	70	69.8441	34.2909

Tableau 4.3. Performances des APS identifiées par l'AG en fonction de la valeur de ε.

On constate que la valeur de la fonction objective augmente avec la valeur de ε. Lorsque ε varie de 0,1 à 0,9, f(ε) varie de 0,18402 à 0,5418. Il est plus facile pour une APS de générer une bonne dextérité qu'une bonne compacité. En effet, la dextérité globale est de 0,2601 même lorsque celle-ci n'est pas du tout prise en compte par la fonction objective (ε = 0). En revanche, la compacité globale devient quasi-nulle pour ε = 0,5 et négative pour ε = 0,6. Les courbes de la Figure 4.25 donnent une idée plus précise de l'évolution des performances des APS identifiées par l'AG en fonction du paramètre ε.

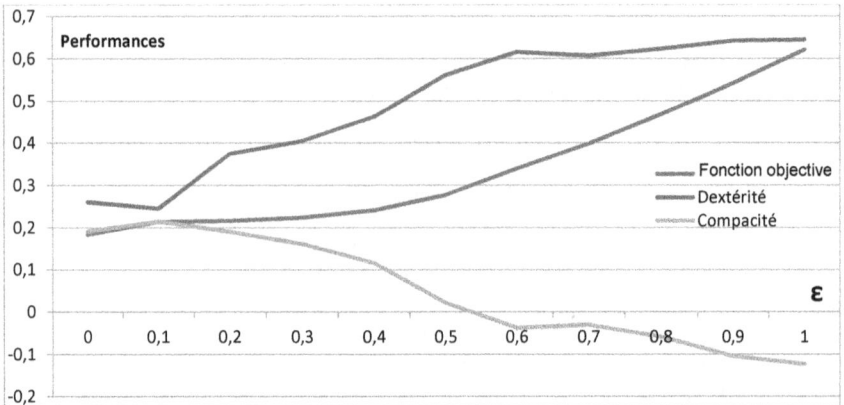

Figure 4.25. Evolution des performances des APS en fonction de la valeur de ε.

Le front de Pareto est tracé pour l'ensemble des individus identifiés. Ils sont placés en fonction de la dextérité globale et de la compacité globale qu'ils génèrent.

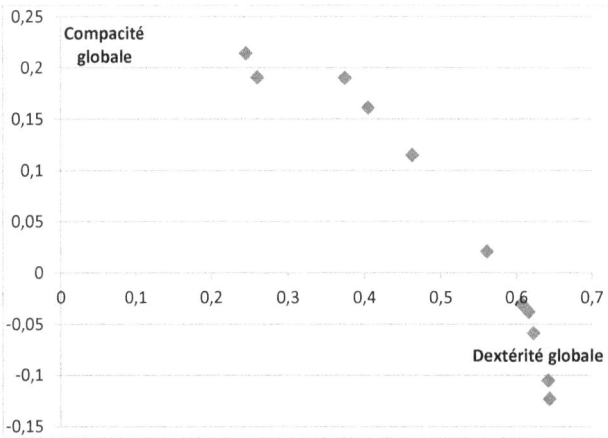

Figure 4.26. Front de Pareto pour l'ensemble des APS identifiés.

En définitive, il est très difficile de maintenir pour les deux critères un niveau satisfaisant. Cette difficulté nous impose de traiter les critères d'optimisation sélectionnés différemment. La dextérité reste une qualité essentielle pour le manipulateur. Il est important d'assurer un bon suivi de trajectoire quelle que soit la direction dans laquelle l'opérateur choisit de déplacer l'organe terminal. La compacité peut être interprétée comme un faible encombrement du manipulateur. La raison principale pour laquelle ce critère a été sélectionné est que les médecins souhaitent obtenir une structure légère et donc facile à transporter et à manipuler. Au cours de l'étude préliminaire sur ce critère, nous avons pu constater que ce dernier imposait à l'APS des segments de bras plus courts. Ces segments ayant la forme d'arcs de cercles, on peut estimer que la variation de leurs dimensions imposées par une compacité optimale ne confère qu'un faible gain en légèreté. Cependant, la compacité permet d'empêcher que des dimensions trop importantes ne génèrent des collisions externes.

Pour ces raisons, la compacité n'est désormais plus considérée comme un critère à optimiser mais comme une contrainte. La compacité locale est une valeur qui, telle qu'elle a été définie dans les formules (4.48) et (4.49), dépend de l'angle d'inclinaison de l'axe le plus contraignant. Une compacité locale nulle indique un risque de collision externe avec un plan de support du robot et donc, un risque de collision avec le corps du patient. Une compacité minimale non nulle devient ainsi une contrainte à respecter et à intégrer dans notre démarche d'optimisation. Une nouvelle fonction est programmée sous Matlab et utilisée pour l'évaluation des individus gérés par l'Algorithme Génétique. Son fonctionnement présenté par l'organigramme de la Figure 4.27, est le même que l'ancien (Figure 4.18) à la différence que deux conditions doivent être respectées pour que l'individu ne soit pas rejeté.

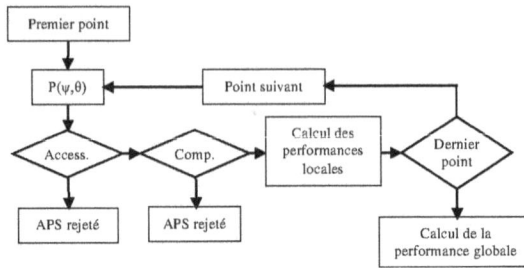

Figure 4.27. Nouvel organigramme d'évaluation des APS.

Les paramètres de traitement des individus ainsi que les intervalles de sélection des paramètres de conception sont identiques à ceux utilisés pour l'étude préliminaire. L'AG a été lancé et a identifié l'individu suivant : I_{opt} = [2,94° 33,15° 32,54° 25,86°]. Cette structure a une dextérité allant de 0,6370 à une valeur quasi nulle. Sa dextérité globale est de 0,2837. La dextérité locale reste supérieure à 0,4 pour une inclinaison de l'organe terminal de 10°. Sa valeur minimale est atteinte lorsque celui-ci se rapproche de la position d'un des axes actifs.

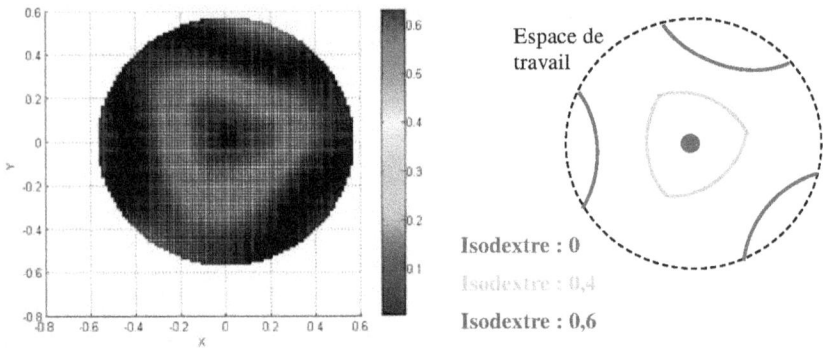

Figure 4.28. Distribution de la dextérité sur l'espace de travail de l'APS optimale.

Ces faibles valeurs peuvent s'expliquer par un comportement ressemblant à celui d'une singularité centrale de bras sériel sphérique. En effet, les segments de bras de cette structure ont des dimensions très proches. Les lignes isodextres dont la valeur est très proche de zéro correspondent donc aux zones pour lesquelles un des bras est quasiment replié sur lui-même. Elles sont visibles en bleu foncé sur la Figure 4.28. Ces zones à faible dextérité locale sont rencontrées pour de fortes inclinaisons de l'effecteur et sont donc les moins souvent fréquentées. La compacité minimale est pratiquement nulle, ce qui indique que certains des axes peuvent atteindre la valeur d'inclinaison maximale θ_{max} sans pour autant la dépasser.

106

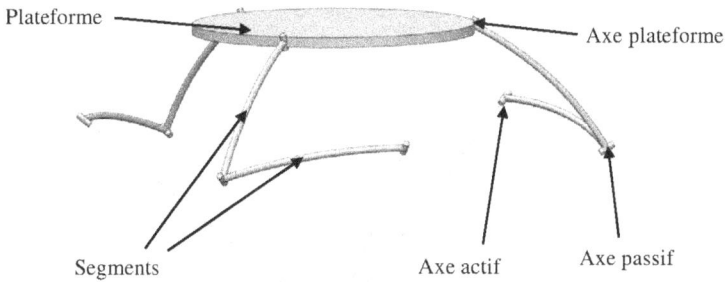

Figure 4.29. Architecture de l'APS optimisé.

En comparaison, le manipulateur sériel sphérique du robot PROSIT-1 a une dextérité globale de 0,1117. Sa dextérité locale varie de 0 à 0,1633 sur son espace de travail (voir Figure 4.30). L'APS présentée en Figure 4.29 a donc une dextérité globale 2,5 fois supérieure.

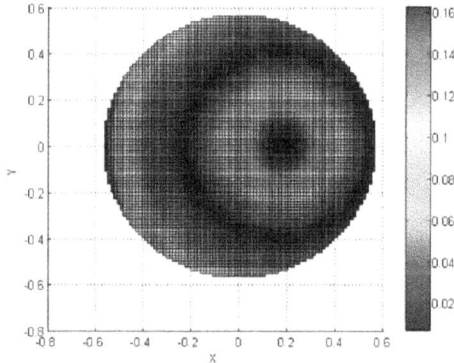

Figure 4.30. Distribution de la dextérité sur l'espace de travail de PROSIT-1.

4.5. Génération de trajectoires

Suite à l'obtention d'une APS optimisée selon les critères établis, des études approfondies sont réalisées sur différents aspects de la structure. Ceux-ci ne pouvaient pas être pris en compte lors de l'étape d'optimisation et peuvent s'avérer problématiques pour le suivi des trajectoires du robot. L'analyse des résultats de ces études permettra de proposer des méthodes de génération de trajectoires pour éviter des désagréments engendrés par la traversée de zones à risque.

4.5.1. Accessibilité de l'espace de travail

Durant l'étape d'optimisation, l'étude de l'espace de travail des APS a été faite en utilisant un maillage dont la finesse était volontairement modérée afin de réduire les temps de calcul des algorithmes. Il était alors de 10 points sur l'angle θ qui allait de 0 à 35° et de 36 points sur l'angle ψ allant de 0 à 360°. A l'issue de cette étape, une APS optimisée a été identifiée. Cependant, une étude sur son espace de travail avec un maillage plus fin a révélé que de petites zones n'étaient pas accessibles. Pour le nouveau maillage, plus fin, nous avons opté pour 36 points sur θ et 360 points sur ψ ; ce qui représente un point par degré parcouru sur l'espace de travail.

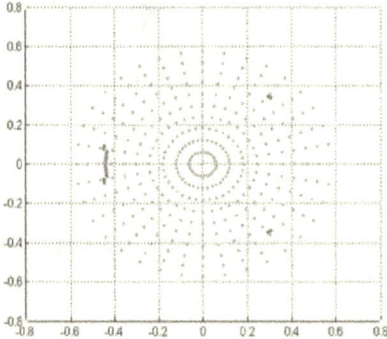

| Figure 4.31. Ancien maillage (en vert) et points inaccessibles (en rouge). | Figure 4.32. Nouveau maillage (en vert) et points inaccessibles (en rouge). |

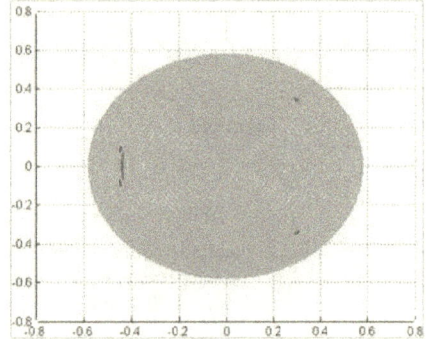

La Figure 4.31 montre que ces trois zones (en rouge) étaient assez petites pour ne contenir aucun point du maillage utilisé précédemment. Les points qu'elles contiennent n'étaient donc pas pris en compte et n'ont pas déclenché de rejet de l'APS lors de l'optimisation. Dans ces conditions de maillage, ces zones représentent un ensemble de 29 points. On compte trois zones : deux petites zones de 3 points chacune et un zone plus grande de 23 points. Nous nous proposons de trouver un moyen de rendre ces points accessibles.

Lors du déplacement de la plateforme de l'APS dans son espace de travail, sa rotation propre de cet organe est maintenue à zéro par convention. Chaker qui a étudié la cinématique des APS, a mis en évidence le fait que si cet angle ne modifie pas la position de la plateforme (liée aux angles ψ et θ), il modifie l'espace de travail disponible de l'architecture [Chaker 11]. Et s'il modifie l'espace de travail, il peut donc modifier l'accessibilité d'un point donné. Une solution est donc de modifier la rotation propre de la plateforme en approchant ces zones. Cette manipulation engendrera une orientation au niveau de la rotation propre de l'organe terminal. Celle-ci sera facilement annulée en sollicitant un autre actionneur découplé afin qu'il génère une rotation opposée. Il n'est pas possible cependant de maintenir cet angle à une autre valeur que zéro sur tout l'espace de travail. Car cela n'a pour effet que de déplacer les zones inaccessibles comme le montre la Figure 4.33.

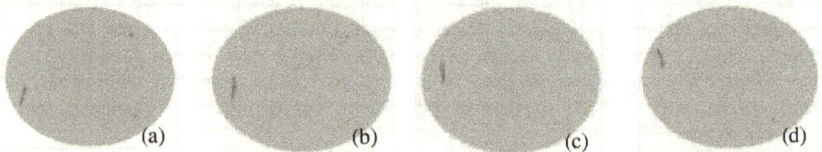

Figure 4.33. Position des zones inaccessibles pour φ = -2 (a), φ = -1 (b), φ = 1 (c), φ = 2 (d).

Il est donc primordial de faire varier la rotation propre de la plateforme durant son déplacement dans l'espace de travail du robot. Dans un premier temps, un maillage encore plus fin est utilisé sur les zones d'inaccessibilité afin de mieux les définir. Celui-ci est paramétré pour avoir un écart de 0,1° entre chaque point.

		Zone 1	Zone 2	Zone 3
Localisation	ψ	[-76,5° ; -103,5°]	[38,5° ; 43,5°]	[136,5° ; 141,5°]
	θ	[25° ; 27,5°]	[25,5° ; 28°]	[25,5° ; 28°]
Maillage	ψ	270 points	50 points	50 points
	θ	25 points	25 points	25 points
Nombre de points inaccessible		2492	271	271

Tableau 4.4. Caractéristiques de zones inaccessibles de l'APS optimisée.

La finesse de ce nouveau maillage permet une meilleure définition des zones problématiques. Leurs caractéristiques sont détaillées dans le Tableau 4.4.

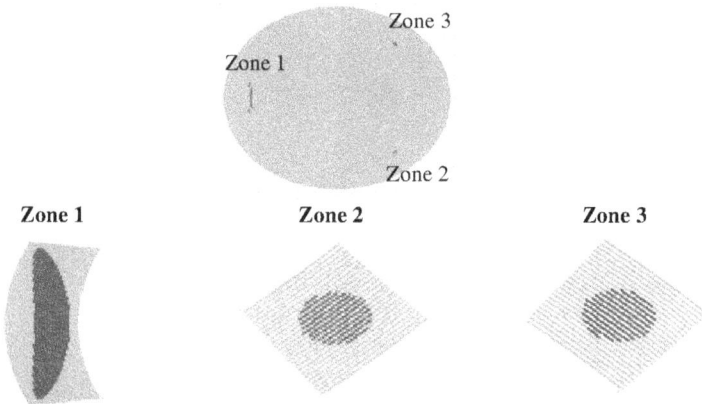

Figure 4.34. Zones inaccessibles définies par le nouveau maillage.

Un algorithme est programmé pour repérer les points non accessibles de chaque zone et pour tester s'ils le seraient avec d'autres valeurs de l'angle de rotation propre φ. Cet angle est alors ajusté pour contourner l'inaccessibilité d'un point de l'espace de travail. Les résultats montrent qu'en faisant varier cet angle φ de -3° à 3°, il est possible de rendre ces points accessibles. L'algorithme a également révélé que cette rotation de la plateforme peut s'effectuer dans les deux sens. La Figure 4.35 montre que les zones d'inaccessibilité peuvent être contournées en faisant varier l'angle φ de manière continue suivant le sens dans lequel la plateforme entre dans la zone. Cependant, le sens de rotation de la plateforme ne peut pas être choisi aléatoirement. Dans la Figure 4.35-(a), si l'on entre dans la zone par le bas, seule une rotation dans le sens positif de φ permet de maintenir l'accessibilité de la zone tout en garantissant une variation continue. Le schéma inverse se produit lorsque l'on entre dans cette même zone par le haut (voir Figure 4.35-(b)).

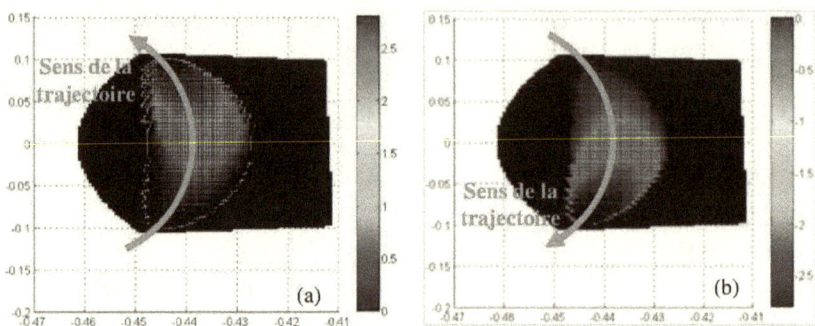

Figure 4.35. Variation de la rotation propre permettant l'accessibilité de la zone 1.

Des résultats similaires ont été obtenus pour les zones 2 et 3 ; à savoir qu'une variation de l'angle φ de 3° dans les deux sens est nécessaire pour que la plateforme puisse atteindre ces zones.

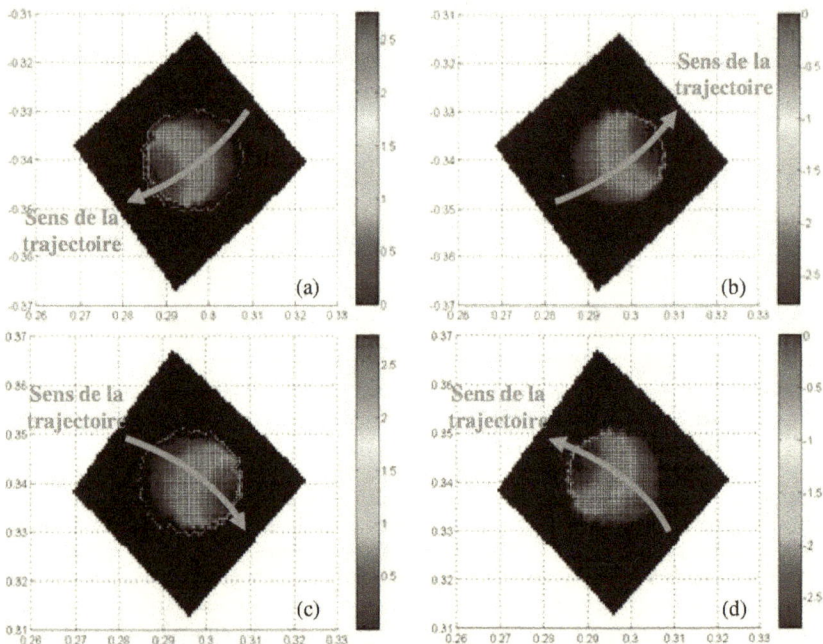

Figure 4.36. Variation de la rotation propre permettant l'accessibilité de la zone 2 (a) et (b) et zone 3 (c) et (d).

Au final, il est nécessaire de prévoir une variation de la rotation propre de la plateforme de 6° d'amplitude autour de 0 sur l'ensemble de l'espace de travail du robot : $\Delta\varphi \in [-3° ; 3°]$. Un problème de continuité se pose néanmoins dans le cas où l'angle φ atteint un extrémum (3° ou -3°). Sur toutes les zones observées, on constate une frontière à travers laquelle la valeur de φ bascule de 3° ou -3° à 0. Ce qui entraine forcément des discontinuités au niveau des paramètres articulaires correspondants. En modifiant l'algorithme ajustant la rotation propre de la plateforme, il ressort que la zone à proximité de cette frontière est accessible avec un angle φ nul mais également par une variation progressive de ce même angle. Il est donc possible de définir une zone de sortie pour laquelle cet angle serait progressivement modifié pour atteindre une valeur nulle. La Figure 4.37 illustre la disposition de zones de sortie de la zone 3 en fonction du sens dans lequel la plateforme la traverse.

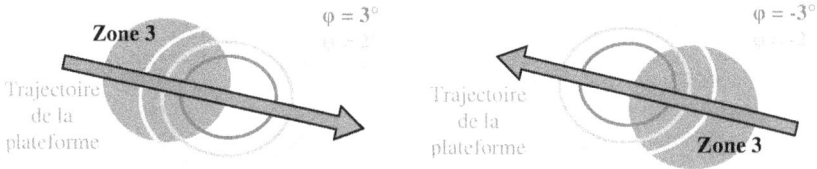

Figure 4.37. Exemple de variation de la rotation propre en fonction de la position de la plateforme en sortie de zone 3.

4.5.2. Détection et évitement de collisions

Suite à une mise en forme sous SolidWorks de la structure optimisée, la présence de collisions internes a été mise en évidence. En effet, le déplacement de l'organe terminal dans l'espace de travail du robot génère des collisions entre plusieurs éléments de l'APS. Les collisions que nous avons pu observer ont deux origines différentes. Elles peuvent être le résultat de contact physique soit entre un axe actif et un axe plateforme soit entre un axe actif et la plateforme.

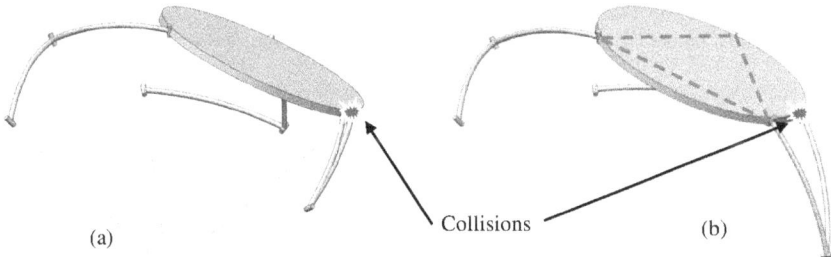

Figure 4.38. Collisions entre un axe actif et un axe plateforme (a) ou la plateforme (b).

En étudiant la structure de la plateforme, il s'avère que les collisions avec cet élément pourraient être facilement évitées en retravaillant sa forme. Si la plateforme avait une structure triangulaire dont les sommets rejoindraient les axes plateformes, ces collisions seraient ainsi naturellement évitées comme l'illustre la Figure 4.38.-(b). Ce type de contrainte devra être pris en compte durant l'étape de conception assistée par ordinateur.

Les collisions engendrées par la position les axes actifs et des axes plateforme semblent ne pas pouvoir être évitées par un travail de modélisation avancée. Au final, une solution serait de modifier la position de l'un des axes concernés sans modifier l'orientation de l'organe terminal. Les axes actifs étant fixes, c'est donc les axes plateformes qui devront être déplacés. Il est possible de déplacer ces axes en modifiant la rotation propre de la plateforme.

Au préalable, une fonction permettant la détection de collisions et le rejet de la structure en conséquence avait été programmée et intégrée à l'AG utilisé pour fournir le résultat du paragraphe 4.4.3. L'idée était d'exclure systématiquement tout individu présentant des risques de collisions internes. Cette méthode a été abandonnée en raison du nombre trop faible d'individus recevables dans ces termes. En effet, plusieurs essais ont montré que la plupart du temps, la totalité des générations traitées était exclue. Il apparaît que ce type de structure présente un risque élevé de collisions internes. Déterminer une méthode d'évitement de collisions est donc obligatoire.

Pour éviter ces collisions, il convient dans un premier temps de les identifier et de les localiser. Un algorithme a été programmé sous Matlab afin de déterminer les zones de l'espace de travail présentant des collisions. Les points de l'ensemble de ces zones sont générés sous un maillage identique à celui du paragraphe 4.5.1. L'algorithme permet également d'identifier les axes en cause. Pour ce faire, il suffit de calculer pour chaque orientation de l'espace de travail, l'angle formé entre chaque couple d'axes. Si cet angle est inférieur à une valeur minimale de sécurité, une collision est alors signalée, les axes concernés sont identifiés et l'orientation de l'organe terminal dans l'espace de travail est localisée. Si les coordonnées des vecteurs liés à deux axes sont connues dans un même repère, l'angle entre ces deux axes se calcule à l'aide de la fonction cosinus inverse.

$$\delta_{Ki,Lj} = acos(\vec{Z}_{Ki}.\vec{Z}_{Lj}) \qquad (4.57)$$

(K,L) = (A,B,C) et (i,j) = (1,2,3) avec $Ki \neq Lj$.

Le paragraphe 4.1.1. présentant l'organe terminal du robot mentionne une hauteur de 180 mm. Afin de prendre en compte les futures dimensions en trois dimensions des axes, une distance minimale de 15 mm minimum est prévue entre chaque axe. Ce qui représente un angle minimal de sécurité de 4,78° que nous arrondissons à 5°. Après utilisation de l'algorithme, il s'avère que seuls les axes actifs et plateforme (respectivement Z_{K1} et Z_{K3}) de chaque bras peuvent entrer en collision. Ce problème s'explique par les dimensions très proches de chaque segment de bras dont les angles d'arc ne diffèrent que de 0,61°. Lorsqu'un des bras est presque replié sur lui-même, ses axes 1 et 3 entrent en collision. Ceci correspond à une position de la plateforme proche d'un des axes Z_{K1}.

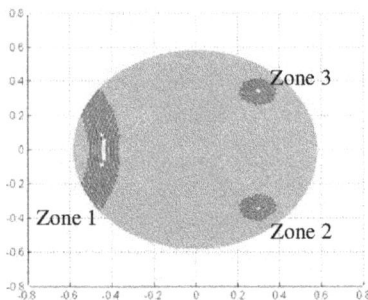

Figure 4.39. Localisation des zones de collisions (en rouge).

En effet, la Figure 4.39 montre que les zones de collisions se situent proches des axes actifs du robot. A noter que les zones identifiées comme inaccessibles en paragraphe 4.5.1. sont vides car elles ne sont pas contournées à cette étape. Les zones de collisions sont situées autour des zones inaccessibles. Comme pour l'étude précédente, ces trois zones sont analysées sous un maillage plus fin.

		Zone 1	Zone 2	Zone 3
Localisation	ψ	[-50° ; -130°]	[30° ; 53°]	[127° ; 150°]

Maillage	θ	[20° ; 35°]	[20° ; 32°]	[20° ; 32°]
	ψ	800 points	130 points	130 points
	θ	150 points	120 points	120 points
Nombre de points inaccessible		68026	16318	9383

Tableau 4.5. Caractéristiques de zones de collisions de l'APS optimisée.

L'algorithme permettant la localisation de ces zones a été amélioré et reprogrammé pour modifier la rotation propre de la plateforme dans ces zones afin de contourner les collisions. Les zones identifiées comme inaccessibles font également l'objet du même traitement pour contourner à la fois les collisions et les points inaccessibles. Au final, une rotation de l'angle φ de 0 à 22° dans les deux sens est nécessaire pour pouvoir orienter l'organe terminal du robot dans l'ensemble de ces zones en évitant les collisions. La zone 1 est la moins contraignante avec une amplitude nécessaire de -16 à 16° (voir Figure 4.40-(a-b)) ; tandis de les deux autres nécessitent une amplitude de -22 à 22° (voir Figure 4.40-(c-d-e-f)).

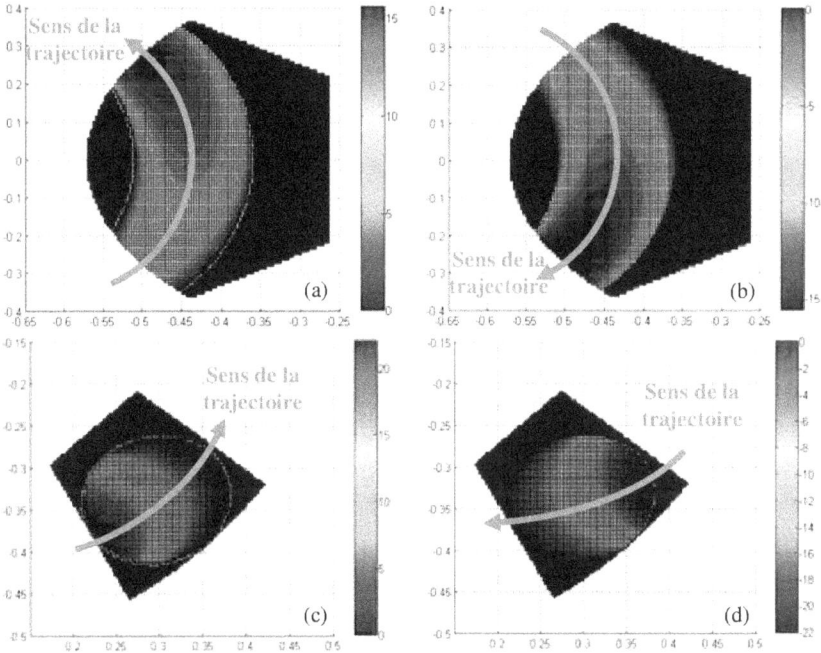

113

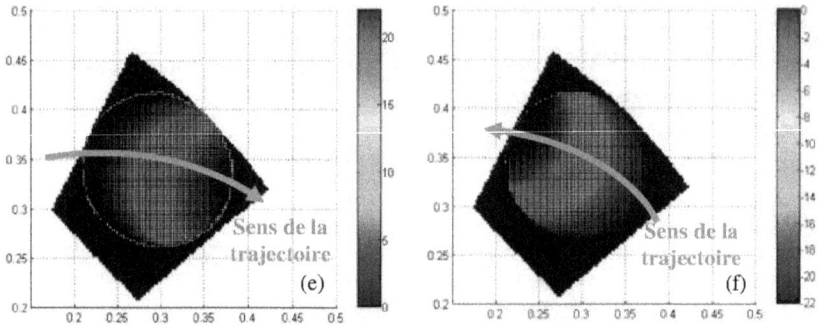

Figure 4.40. Variation de la rotation propre permettant l'évitement de collisions sur les zones 1 (a) et (b), 2 (c) et (d) et 3 (e) et (f).

L'analyse des résultats de cet algorithme nous permet de faire les mêmes observations que pour la gestion des zones inaccessibles. En effet, l'évolution de la rotation propre de la plateforme évitant les collisions se fait de manière continue suivant le sens dans lequel une zone considérée est traversée. Le fait que la valeur de l'angle φ revient à 0 dès la sortie de ces zones engendre des discontinuités au niveau des paramètres articulaires correspondants. L'établissement de zones de sorties pour lesquelles cette valeur tend progressivement vers 0 est à prévoir sur le même modèle que celui illustré par la Figure 4.37.

4.5.3. Simulation sur le comportement de la structure optimisée

Nous disposons de méthodes de contournement des zones problématiques de l'architecture parallèle sphérique optimisée. Nous nous proposons maintenant d'étudier les réponses articulaires du robot. Cette étude permettra de simuler et d'observer le comportement du futur robot aux instructions qu'il reçoit. Pour ce faire, plusieurs types de trajectoires seront intégrés au modèle géométrique inverse du robot. Nous disposons en effet des trajectoires déterminées lors de l'analyse du geste clinique : les trajectoires transmises par l'interface haptique et enfin, il est possible de construire une série d'orientations constituant une trajectoire.

L'étude de la parcourabilité d'une structure permet d'évaluer sa capacité à suivre un ensemble de trajectoires dans son espace de travail de façon continue [Chablat 98]. Le robot ne sera capable de réaliser une trajectoire que si les paramètres articulaires correspondants ont une évolution continue. La parcourabilité de l'ensemble de l'espace de travail peut être ramenée à l'étude de sa connexité. Ceci peut se faire en balayant l'espace de travail par un maillage fin en traçant pour chacun de ces points, les paramètres articulaires correspondants. La Figure 4.41 montre l'ensemble des points ne présentant aucune collision, ni problème d'accessibilité. Le maillage utilisé ici est toujours le même que celui décrit en paragraphe 4.5.1. Sur l'ensemble de figure représentant la pacourabilité de l'APS optimisée, la grandeur d'échelle sur les axes des graphiques est la suivante :

$$\theta_{K1} \in [\,-100°\,;\,300°\,]$$

Avec K = A, B ou C.

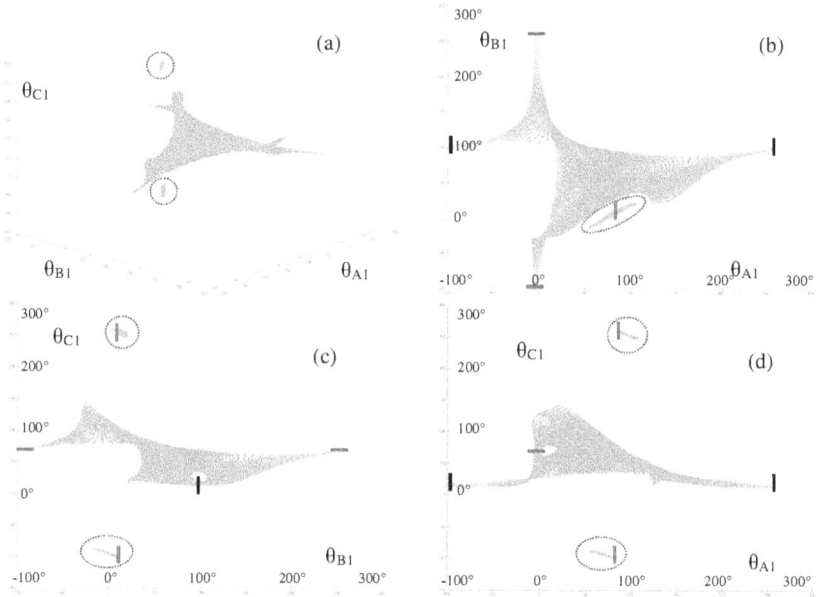

Figure 4.41. Ensemble des paramètres articulaires correspondants à l'espace de travail. Vue en perspective (a) et en projection (θ_{A1},θ_{B1}) (b), (θ_{A1},θ_{C1}) (c), (θ_{B1},θ_{C1}) (d).

La majorité des configurations articulaires correspond à une zone de surface assez lisse et connexe. Cependant, on constate deux autres zones plus petites et séparées. Elles sont entourées en rouge sur chaque figure. Les tirets de couleur représentent les jonctions entre les valeurs -100° et 260° du cercle trigonométrique. La présence de zones séparées indique que des discontinuités au niveau des paramètres articulaires seraient obligatoirement rencontrées pour atteindre les zones de l'espace de travail correspondantes. La même opération est réalisée en prenant en compte cette fois la gestion de l'accessibilité et des collisions.

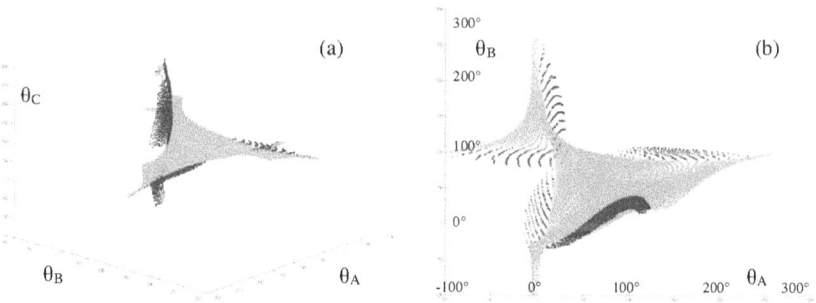

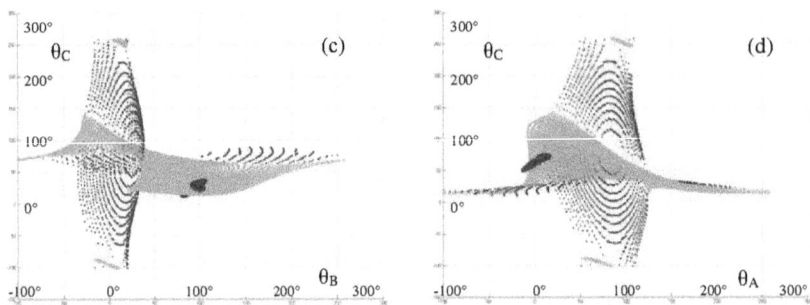

Figure 4.42. Nouvel ensemble des paramètres articulaires avec gestion de l'accessibilité et des collisions. Vue en perspective (a) et en projection (θ_A, θ_B) (b), (θ_A, θ_C) (c), (θ_B, θ_C) (d).

Les points bleus sur la Figure 4.42 représentent les points de réponses articulaires pour lesquels la rotation propre de la plateforme a été modifiée pour garantir l'accessibilité de l'espace de travail et l'évitement des collisions. On montre ainsi que les méthodes générant ces nouveaux paramètres articulaires permettent de relier les zones isolées. Ainsi, la continuité de l'évolution de ces coordonnées pour des trajectoires dans l'espace de travail du robot est assurée.

La continuité de trajectoires bien définies est maintenant évaluée en testant différents types de trajectoires. Dans un premier temps, trois trajectoires sont construites en générant des ensembles d'orientations de l'organe terminal. Il s'agit de deux trajectoires circulaires autour du centre de l'espace de travail et d'une inclinaison constante à 20° (Figure 4.43-(a)) puis à 30° (Figure 4.43-(b)) et d'une dernière trajectoire partant du centre pour finir vers une inclinaison de 25° dans une direction (Figure 4.43-(c)).

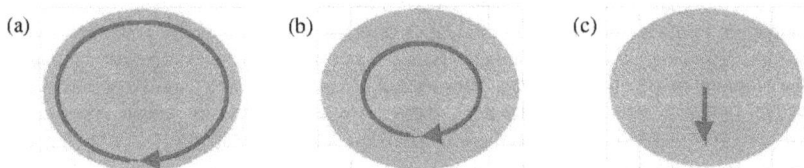

Figure 4.43. Représentation des trajectoires de l'effecteur.

Ces valeurs ont été volontairement sélectionnées pour obtenir deux types de trajectoires : l'une standard et l'autre passant par les zones problématiques.

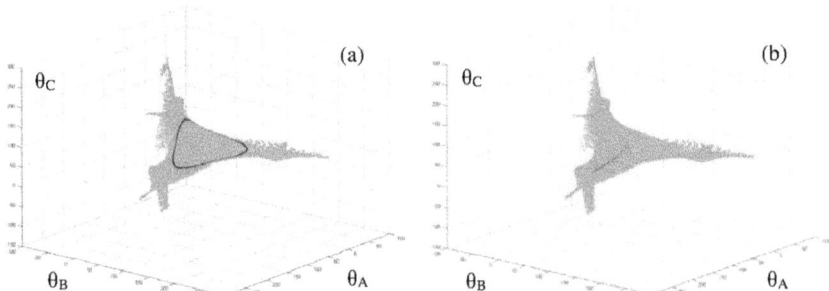

Figure 4.44. Ensemble des paramètres articulaires pour deux types de trajectoires.

116

La trajectoire circulaire de 20° d'inclinaison dont les réponses articulaires apparaissent en bleu sur la Figure 4.44-(a) ne présente aucune discontinuité. C'est aussi le cas pour la trajectoire d'inclinaison à 25°. Pour la trajectoire circulaire à 30°, on peut observer sur la Figure 4.45-(a) que la trajectoire de l'organe terminal du robot (en noir) passe par les trois zones problématiques (en bleu). Les points de la même trajectoire apparaissent alors en rouge.

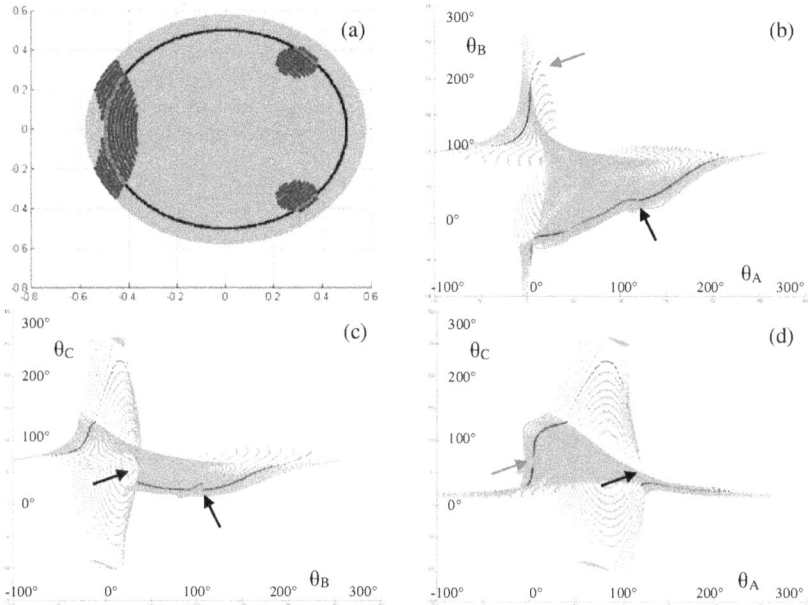

Figure 4.45. Ensemble des paramètres articulaires pour une trajectoire circulaire à 30°.

Les autres figures montrent une évolution continue des paramètres articulaires à chaque fois que la configuration génère une entrée dans une zone nécessitant une correction de trajectoire. Ici, seules les rotations dans le sens positif de la plateforme du robot sont prises en compte. La méthode d'évitement de collisions, dont les paramètres articulaires résultants sont représentés en rouge, permet ainsi de relier les différentes sections de trajectoire (en bleu). Malheureusement, une méthode de sortie de zone de collisions, assurant la continuité des paramètres articulaires, évoquée en fin de paragraphe 4.5.1. et 4.5.2. n'est pas encore proposée ici. Ce qui se traduit par des discontinuités marquées par des flèches noires. Les discontinuités visuelles liées à la jonction entre les valeurs -100° et 260° marquées sur la Figure 4.41 ne sont pas à prendre en compte. Sur la Figure 4.45-(d), la flèche rouge marque une trajectoire demeurant invisible du fait d'une surface qui lui passe devant. Cette même trajectoire est visible sur la Figure 4.45-(b) et marquée d'une flèche de même couleur.

Différentes trajectoires obtenues par l'utilisation de l'interface haptique ont été également testées. Pour l'exemple illustré ci-dessous, une trajectoire passant par la zone 3 a été volontairement choisie. Il s'agit d'une inclinaison du dispositif vers l'arrière jusqu'à environ 27° dont la valeur des angles est représentée en Figure 4.46-(a). Rappelons que l'orientation mesurée par sa centrale inertielle est transmise en angles de Cardan : roulis, tangage et lacet noté ici φ_1, φ_2 et φ_3. Celle-ci est donc convertie en angles d'Euler. Pour ce faire, les angles de Cardan sont utilisés pour calculer les termes d'une matrice de rotation présentée en paragraphe 2.2.2. Le calcul des angles d'Euler ψ, θ et φ ne requiert pas de déterminer tous ces termes.

$$x_Z = \sin \varphi_1 \sin \varphi_3 - \cos \varphi_1 \sin \varphi_2 \cos \varphi_3 \qquad (4.58)$$
$$y_Z = \sin \varphi_1 \cos \varphi_3 - \cos \varphi_1 \sin \varphi_2 \sin \varphi_3 \qquad (4.59)$$
$$z_Z = \cos \varphi_1 \cos \varphi_2 \qquad (4.60)$$
$$z_X = \sin \varphi_2 \qquad (4.61)$$
$$z_Y = - \sin \varphi_1 \cos \varphi_2 \qquad (4.62)$$

Ces termes sont ensuite utilisés dans les équations (2.5) à (2.7) pour le calcul des angles d'Euler. Ces angles sont introduits au modèle géométrique inverse de la structure pour générer les paramètres articulaires correspondant à la trajectoire étudiée. Ici, les deux sens de rotation de la plateforme sont pris en compte.

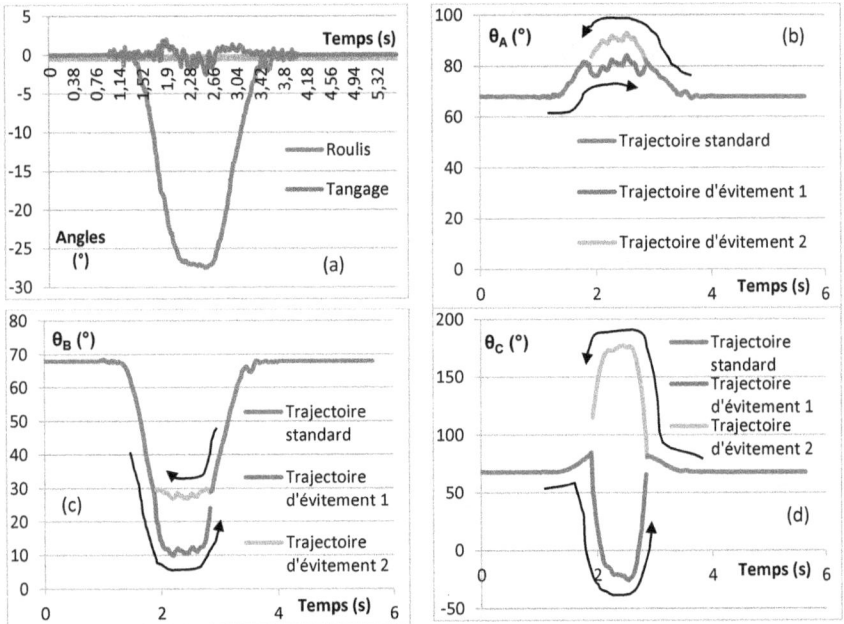

Figure 4.46. Réponses articulaires d'une trajectoire mesurée par l'interface haptique.

Les graphiques ci-dessus confirment les observations tirées de l'analyse de la parcourabilité. A savoir que suivant le sens pour lequel l'organe terminal traverse les zones problématiques, les trajectoires d'évitement de collisions permettent une évolution continue de la valeur de paramètres articulaires. Les courbes rouges et vertes permettent de distinguer le sens de traversée. L'approche et l'entrée de zone ne souffrent d'aucune discontinuité. Les discontinuités observées en sortie de zone devront faire l'objet d'une étude approfondie afin de proposer une loi de variation de la rotation propre de la plateforme.

Conclusion

L'objectif de cette partie des travaux est la conception du manipulateur robotisé d'un système de télé-échographie. La démarche de conception de ce dispositif a pris en compte les spécifications fonctionnelles du cahier des charges, élaborées en concertation avec les partenaires médicaux du projet ANR-PROSIT, et écrites après une analyse chiffrée du geste médical. La structure du manipulateur devait constituer une rupture avec la lignée des robots de télé-échographie à structure sérielle issus du laboratoire PRISME.

Une architecture parallèle sphérique a été sélectionnée pour ce futur robot. Les aspects géométriques et cinématiques de cette structure ont fait l'objet d'une analyse approfondie. Une étape d'optimisation basée sur l'utilisation d'un Algorithme Génétique a permis d'étudier l'influence des critères cinématiques et géométriques sur ce type d'architecture. A l'issue de quoi, les paramètres de conception de cette architecture parallèle sphérique ont été synthétisés afin de lui conférer un compromis intéressant entre la dextérité globale et la compacité minimale. Au préalable, une analyse des performances de dextérité et de compacité a mis en évidence la difficulté de recherche d'une solution optimale au sens de Pareto, ce qui nous a conduits à considérer la compacité comme une contrainte et non comme un critère.

L'architecture parallèle sphérique optimale a été étudiée de façon approfondie. Il est apparu que cette architecture souffrait de certains aspects problématiques : inaccessibilité de points et présence de collisions. Ces aspects limitants ne pouvaient pas être pris en compte par l'algorithme d'évaluation de performances. La détection de zones inaccessibles par le robot est assurée par une fonction appelée un grand nombre de fois pour chaque architecture candidate. Ce nombre dépend d'un maillage imposé et dont la finesse doit rester modérée pour des raisons de durée d'exécution de l'Algorithme Génétique. La détection de collision est simple à mettre en œuvre et n'impose pas un allongement significatif de la durée d'exécution de l'ensemble du programme. Cependant, la méthode de génération de trajectoires d'évitement de collisions proposée requiert une analyse visuelle et approfondie des résultats pour validation. Une méthode préliminaire permettant l'évitement des collisions et l'accessibilité des points dans les zones à risques a cependant été proposée.

Conclusion et perspectives

L'objectif des travaux de thèse illustrés dans le présent rapport était d'apporter une contribution scientifique et technique au projet ANR-PROSIT sur les aspects de conception mécanique. En autres, il s'agissait :

- De mener une étude de la gestuelle de l'examen échographique, qui est un geste clinique expert réalisé par un spécialiste longuement entraîné.
- De concevoir et de mettre en œuvre une nouvelle interface haptique pour la télé-opération du système.
- De proposer une architecture optimisée pour le manipulateur robotisé et nouvelle pour la présente application.
- De fournir support technique et avis d'expert à un ensemble de partenaires multidisciplinaires.

La campagne de mesure menée au CHU de Tours a été la première mission du groupe WP3 du projet. Elle avait pour but d'analyser le geste expert en échographie afin de caractériser l'ensemble des mouvements à reproduire par un futur robot. L'utilisation du système de capture de mouvement Vicon Nexus a permis d'enregistrer les mouvements effectués par l'expert médical lors d'examens sur de vrais patients. Notre ensemble de données est constituée de 25 enregistrements et peut être réutilisé pour de nouveaux besoins. A ce jour, ces expérimentations ainsi que la programmation d'algorithmes ont permis de définir les caractéristiques du geste expert en fonction du praticien sollicité, du patient examiné et de l'organe exploré. L'ensemble de ces résultats a contribué à la rédaction du cahier des charges pour la conception des robots PROSIT en apportant des données chiffrées à leurs caractéristiques attendues. Entre autres, l'espace de travail a été défini en faisant un compromis entre les résultats de cette étude et des exigences d'utilisation exprimées par les partenaires médicaux.

L'évaluation du robot ESTELE à l'aide du système Vicon Nexus a mis en évidence l'imprécision du système de suivi de trajectoire. Ce phénomène constitue une gêne pour l'examen échographique dans la mesure où la sonde échographique maintenue par le robot ne respecte pas la trajectoire imposée par l'opérateur. L'évolution de l'image échographique résultante ne correspondant pas au mouvement effectué, son interprétation clinique est rendue plus difficile. Les effets de la singularité au centre de l'espace de travail du robot ont été aussi observés. L'utilisation récurrente de Vicon Nexus a permis une rapide prise en main du système pour de nouvelles études dans le cadre du projet ainsi que pour d'autres applications.

La conception et la mise en œuvre d'une interface haptique pour le système de télé-échographie était un point important du projet. En effet, peu de robots de télé-échographie ont vu leur dispositif de contrôle faire l'objet d'une étude sur ce point. Pour ceux du laboratoire PRISME par exemple, on avait systématiquement recours aux systèmes FoB pour la détection de mouvement jusqu'au robot ESTELE compris. Dans le cadre du projet, une nouvelle interface haptique a été proposée. Son concept basé sur une structure libre ayant l'aspect d'une vraie sonde d'échographie a été facilement accepté par les médecins car prometteur en termes de facilité de prise en main. En alternative au FoB, une centrale inertielle montée à partir d'instruments électroniques standards et plus économiques est utilisée ici. Un capteur d'effort et un actionneur entraînant une vis à billes constituent le système de retour d'effort. Les actionneurs actuellement disponibles n'offrant pas encore une puissance massique suffisante, le concept n'est pas à ce jour pleinement validé sur les aspects de retour d'effort et de transparence. L'opérateur peut néanmoins contrôler l'effort à appliquer sur le patient distant par pression sur le capteur d'effort.

L'interface n'était pas prévue à l'origine pour accueillir autant d'instruments (trois gyroscopes et un accéléromètre). Aussi a t-il fallu réviser son aménagement interne, tenant compte des difficultés de montage et de maintenance, sans pour autant revoir sa forme générale. Cette technologie de détection de mouvement s'est avérée efficace pour la présente application grâce à l'implémentation d'un filtre de Kalman adaptatif. Evalué par le système Nexus, ce concept a été retenu pour être intégré au second prototype d'interface haptique du projet. Sa centrale inertielle sera constituée par les versions modernisées de ces instruments, plus compactes. Le système de retour d'effort sera inspiré par celui de l'interface des robots OTELO, basé sur un actionneur entraînant un réseau de cabestan.

Le concept de retour d'effort utilisant un motoréducteur entrainant une vis à billes n'a pas été finalisé. L'intégration d'un moteur fabriqué sur mesure pourrait constituer une solution pour générer l'interface haptique avec une transparence suffisante.

La structure mécanique du second prototype de robot du projet devait répondre à plusieurs points essentiels. Principalement, il devait proposer une architecture différente de la lignée des robots du laboratoire PRISME. Deux structures distinctes avaient été proposées à l'ensemble des partenaires du projet. Une architecture parallèle sphérique et une architecture parallèle pantographique. Au sein de ce projet, notre travail a concerné l'étude de l'architecture parallèle sphérique. Ses paramètres de conception ont été définis et intégrés aux modèles géométrique et cinématique. Ils ont aussi été dimensionnés afin d'obtenir la structure candidate générant le meilleur compromis entre les différents critères robotiques traduits de critères qualitatifs suggérés par les partenaires médicaux. Un algorithme génétique a été utilisé pour évaluer les structures candidates et identifier la meilleure.

Par la suite, l'architecture parallèle sphérique ainsi optimisée a été analysée selon des critères qui ne pouvaient pas être intégrés dans l'algorithme d'optimisation. En effet, un maillage fin couvrant son espace de travail a mis en évidence des zones inaccessibles. D'autres zones présentent des risques de collisions. Un travail préliminaire de génération de trajectoires a été proposé pour éviter ces collisions. Une étude de la parcourabilité de cette structure prenant en compte ces nouvelles trajectoires a confirmé la viabilité de cette méthode.

Il est dans nos perspectives de poursuivre la conception de ce robot à son terme. La prochaine étape est de proposer, dans la continuité de la méthode d'évitement de collisions, une méthode pour générer des trajectoires de sortie de zones à risques garantissant une évolution continue des paramètres articulaires correspondants. Le logiciel d'animation et de simulation robotique SMAR pourra être alors utilisé pour analyser le comportement de ce robot en réponse aux instructions transmises par l'interface haptique réalisée. Les étapes de conception assistée par ordinateur, de dimensionnement des actionneurs ainsi que la fabrication suivront. Il sera également nécessaire d'élaborer une loi de commande pour assurer la gestion combinée des trois rotations (ψ, θ, φ) et de la rotation propre découplée pour permettre un bon suivi de trajectoire. Le projet ANR-PROSIT prévoit aussi la réalisation d'essais cliniques sous la responsabilité du WP2 qui est en charge de la validation des prototypes.

Enfin, l'utilisation de l'APS est envisagée pour la robotisation d'autres pratiques médicales. En effet, le poignet sphérique est souvent utilisé pour ce genre d'applications. C'est le cas de la chirurgie mini-invasive ou de la neurochirurgie qui requiert des mouvements sphériques autour du crâne. Le poignet sphérique est aussi souvent nécessaire pour certaines applications industrielles. Dans ce cadre, il est prévu de tenir compte de contraintes mécatroniques (taille et masse des moteurs) et d'autres critères comme l'optimisation de formes des pièces.

Bibliographie

Chapitre 1:

[Al Bassit 05] L. Al Bassit, « Structures mécaniques à modules sphériques optimisées pour un robot médical de télé-échographie mobile », thèse de l'Université d'Orléans, 2005.

[Birglen 02] L. Birglen, C. Gosselin, N. Pouliot, B. Monsarrat, T. Lalibert, « SHaDe, A New 3-DOF Haptic Device », IEEE Transaction on Robotics and Automatisation, vol. 18, n° 2, avril 2002.

[Charon 11] G. Charon, « Contribution à la commande bilatérale et à la gestion des configurations singulières pour le suivi de la trajectoire d'un système télé-opéré : Application à la télé-échographie par satellite » Thèse de doctorat de l'Université d'Orléans, 2011.

[Essomba 11] T. Essomba, M.A. Laribi, G. Poisson, S. Zeghloul, « Contribution to the Design of a Robotized Tele-Echography System », 2nd IFToMM 2011 International Symposium on Robotic and Mechatronics (ISRM), Shanghaï, Chine, 3-5 novembre 2011.

[Kontaxakis 00] G. Kontaxalis, S. Walter, G. Sakas, « EU-TeleInVivo : An integrated Portable Telemedicine Workstation Featuring Acquisition, Processing and Transmission over Low-Bandwidth Lines of 3D Ultrasound Volume Images », IEEE EMBA International Conference on Information Technology Applications in Biomedicine, p. 158-163, 2000.

[Li 11] T. Li, A. Krupa, C. Collewet, « A robust parametric active contour based on Fourier descriptors », IEEE International Conference on Image Processing, ICIP'11, Bruxelles, Belgique, Septembre 2011.

[Martin 03] D.S. Martin, D.A. South, K.M. Garcia, P. Arbeille, «Ultrasound in space», Ultrasound in Medicine & Biology, vol. 29, n° 1, p. 1-12, 2003.

[Mitsuishi 01] M. Mitsuishi, S. Warisawa, T. Tsuda, T. Higuchi, N. Koizumi, H. Hashizume, K. Fujiwara, « Remote Ultrasound Diagnostic system ». IEEE ICRA, Corée du Sud, vol. 2, p. 1567-1573, 2001.

[Mourioux 05] G. Mourioux, « Proposition d'une architecture multifonctions pour l'autonomie globale des robots », Thèse de doctorat de l'Université d'Orléans, 2006.

[Najafi 04] F. Najafi, « Design and prototype of a robotic system for remote palpation and ultrasound imaging », Thèse de doctorat de l'Université de Manitoba, Canada, 2004.

[Najafi 08] F. Najafi, N. Sepehri, «A novel hand-controller for remote ultrasound imaging», Mechatronics, vol. 18, n° 10, p. 578-590, 2008.

[Nakadate 11] Ryu Nakadate, Yoshiki Matsunaga, Jorge Solis, Atsuo Takanishi, Eiichi Minagawa, Motoaki Sugawara, Kiyomi Niki, « Development of a robot assisted carotid blood flow measurement system », Mechanism and Machine Theory, 2011.

[Nouaille 09] L. Nouaille, « Démarche de conception de robots médicaux : Application à un robot de télé-échographie », Thèse de doctorat de l'Université d'Orléans, 2009.

[Salcudean 99] S.E. Salcudean, W. H. Zhu., P. Abolmaesumi, S. Bachmann, P.D. Lawrence, « A robot system for medical ultrasound », ISRR'99, Snow-bird, p. 152-159, Utah, 9-12 octobre 1999.

[Troccaz 99] J. Troccaz, « La robotique médicale en France », Journées Nationales de la Recherche en Robotique, Montpellier, France, p. 251-255, 1999.

[Tsumaki 98] Y. Tsumaki, H. Naruse, D.N. Nenchev, M. Uchiyama, « Design of a Compact 6-DOF Haptic Interface », Proceedings of the 1998 IEEE International Conference on Robotics and Automation, Leuven, Belgium, p. 2580-2585, 16-20 mai 1998.

[Umeda, 00] T. Umeda, A. Matani, O. Oshiro, K. Chihara, « Tele-echo System: A Real-Time Telemedicine System Using Medical Ultrasound Image Sequence » Telemedicine Journal, vol. 6, p. 63-67, 2000.

Chapitre 2 :

[Al Bassit 05] L. Al Bassit, « Structure Mécanique à Module Sphériques Optimisées pour un Robot Médical de Télé-échographie Mobile », Thèse de doctorat de l'Université d'Orléans, 2005.

[Boutin 09] L. Boutin, « Biomimétisme : Génération de Trajectoires pour la Robotique Humanoïde à partir de Mouvements Humains », Thèse de doctorat de l'Université de Poitiers, 2009.

[Bruyère 11] F. Bruyère, J. Ayoub, P. Arbeille, « Use of a Telerobotic Arm to Perform Ultrasound Guidance During Renal Biopsy in Transplat Recipients : a Preliminary Study », Jounal of Endourology, vol. 20, n° 2, p. 231-234, février 2011.

[Chaigneau 08] D. Chaigneau, M. Arsicault, J.P. Gazeau, S. Zeghloul, « LMS Robotic Hand and Manipulation Planning (an Isomorphic Exoskeleton Approach) », Robotica (2008), vol. 26, p. 177-188, 2008.

[Courrèges 03] F. Courrèges, « Contribution à la Conception et Commande de Robot de Télé-échographie », Thèse de doctorat de l'Université d'Orléans, 2003.

[Li 12] T. Li, M. Ceccarelli, T. Essomba, M.A. Laribi, S. Zeghloul, « Analisys of Human Bicep Obstacle Overcoming by Motion System », The RAAD2012 17th International Workshop on Robotics in Alpe-Adria-Danube Region, Naples, Italie, 10-12 septembre 2012.

[Nouaille 09] L. Nouaille, « Démarche de Conception de Robot Médicaux. Application à un Robot de Télé-échographie », Thèse de doctorat de l'Université d'Orléans, 2005.

[Rosen 02] J. Rosen, J.D. Brown, L. Chang, M. Barreca, M. Sinanan, B. Hannaford, « The BlueDRAGON - A System for Measuring the Kinematics and the Dynamics of Minimally Invasive Surgical Tools In–Vivo », Procedings of the IEEE International Conference on Robotics & Automation, Washington DC, USA, mai 2002.

Chapitre 3 :

[Bogue 07] R. Bogue, « Resonating Gyroscopes: the Next Big Challenge for MEMS Technology », Sensor Review, vol. 27 n° 3, p. 197-199, 2007

[Chaker 09] A. Chaker, «Contribution à la Modélisation et à la Conception d'un Dispositif Haptique pour la Télé-échographie », thèse de Master de l'école d'ingénieur de Sousse, Tunisie, 2009.

[Mourioux 05] G. Mourioux, C. Novales, N. Smith-Guérin, P. Vieyres, G. Poisson, « A Hands Free Haptic Device for Tele-Echography », REM2005, France, 30 juin-1er juillet 2005.

[Rehbinder 04], H. Rehbinder, X. Hu, « Drift-Free Attitude Estimation for Accelerated Rigid Bodies », Automatica vol. 40, p. 653-659, 2004.

[Zeghloul 97] S. Zeghloul, B. Blanchard, M. Ayrault. « SMAR: A Robot Modeling and Simulation System », *Robotica Journal*, vol.15, p. 63-73, février 1997.

Chapitre 4 :

[Angeles, 92] J. Angeles, F. Ranjbaran, R.V. Patel, « On the Design of the Kinematic Structure of Seven-Axes Redundant Manipulators for Maximum Conditioning », Proceedings of the IEEE International Conference on Robotics and Automation, p. 494-499, France, 1992.

[Angeles 02] J. Angeles, « Fundamentals of Robotic Mechanical Systems: Theory, Methods, and Algorithms », Second Edition, Springer-Verlag, USA, 2002.

[Bai 10] S. Bai, « Optimum Design of Spherical Parallel Manipulators for a Prescribed Workspace », Mechanism and Machine Theory, vol. 45, n°. 2, p. 200-211, février 2010.

[Ceccarelli 05] M. Ceccarelli, G. Carbone, E. Ottaviano, « An Optimization Problem Approach For Designing Both Serial and Parallel Manipulators », The Int. Sym. on Multibody Systems and Mechatronics Uberlandia, Brésil, 6-9 mars 2005.

[Chablat 98] D. Chablat, « Domaines d'Unicité et Parcourabilité pour les Manipulateurs Pleinement Parallèles », thèse de Doctorat de l'Université de Nantes, 1998.

[Chaker 11] A. Chaker, M.A. Laribi, S. Zeghloul, L. Romdhane, « Design and Optimization of Spherical Parallel Manipulator as a Haptic Medical Device », IECON2011 - 37th Annual Conference on IEEE Indusrial Electronics Society, 7-10 novembre 2011, Melbourne, Australie.

[Gosselin 89] C. Gosselin, J. Angeles, « The Optimum Kinematic Design of a Spherical Three-Degree-of-Freedom Parallel Manipulator », ASME Journal of Mechanisms, Transmissions, and Automation In Design, vol. 111, p. 202-207, 1989.

[Gosselin 91] C. Gosselin, J. Angeles, « A Global Performance Index for the Kinematic Optimisation of Robotic Manipulators », ASME Journal of Mechanical Design, vol.113, n° 3, p. 220-226, 1991.

[Gregorio 07] Gregorio, R. Di. « Kinematics of a New Spherical Parallel Manipulator with Three Equal Legs: the 3-URC wrist », J. Rob. Syst., vol. 18, n° 5, p. 213-219, 2001.

[Kosinska 11] A. Kosinska, M. Galicki, K. Kedzior, « Designing and Optimization of Parameters of Delta-4 Parallel Manipulator for a Given Workspace », J. Rob. Syst., vol. 20, n° 9, p. 539-548, 2003.

[Laribi 07] M.A. Laribi, L. Romdhane, S. Zeghloul. « Analysis and Dimensional Synthesis of the DELTA Robot for a Prescribed Workspace ». Mech. Mach. Theory, vol. 42, n° 7, p. 859-870, 2007.

[Laribi 11] M.A. Laribi, T. Essomba, S. Zeghloul, G. Poisson. « Optimal Synthesis of a New Spherical Parallel Mechanism for Application to Tele-Echography Chain ». The ASME 2011 International Design Engineering Technical Conferences & Computers and Information in Engineering Conference IDETC/CIE, August 29-31, Washington, DC, USA

[Nouaille 09] L. Nouaille, « Démarche de conception de robots médicaux : Application à un robot de télé-échographie », Thèse de doctorat de l'Université d'Orléans, 2009.

[Romdhane 94] L. Romdhane, « Orientation Workspace of Parallel Manipulators », The European Journal of Mechanics/A Solids, vol. 13, n° 4, 1994.

[Yoshikawa 85] T. Yoshikawa, « Manipulability of Robotic Mechanisms », International Journal of Robotic Research, vol. 4, 1985.

Sites internet

Chapitre 1 :

[CNOM, www] http://www.conseil-national.medecin.fr/article/telemedecine-747, Article internet de M. Legmann et J. Lucas, « Télémédecine, les préconisations du Conseil National de l'Ordre des Médecins », janvier 2009.

[IEEESpec 02, www] http://spectrum.ieee.org/biomedical/devices/extending-healthcares-reach/3, Article internet de S.K. Moore, « Telemedicine can help spread medical expertise around the globe », IEEESpectrum, janvier 2002.

[Intuitive, www] http://www.intuitivesurgical.com, site internet commercial d'Intuitive Surgical.

[Sensable, www] http://www.sensable.com/index.htm, site internet commercial de Sensable Technology.

[Haption, www] http://www.haption.com/site/index.php/fr/, site internet commercial de Haption.

[Medes, www] http://www.medes.fr/home_en/telemedicine/tele_consultation/artis.html, site internet officiel du projet ARTIS.

[AdEchoTech, www] http://www.adechotech.fr/en/products, site internet commercial de AdEchoTech.

[PROSIT, www] http://www.anr-prosit.fr/?q=node/1, site internet officiel du projet ANR-PROSIT.

[Gonzales 03] A.V. Gonzales, « Télé-échographie robotisée », Thèse de doctorat de l'Université de Grenoble, 2003.

[RIM, www] http://www.rim-radiologie.fr/echographie-doppler-domaine-application.php, Images d'illustration du Centre de Radiologie et d'Imagerie Médicale de Boulogne-sur-Mer.

Chapitre 2 :

[XSens, www] http://www.xsens.com, Site commercial XSens : 3-D Motion Tracking.

Chapitre 3 :

[Roboshop, www] http://www.robotshop.com, Site commercial Roboshop : technologie robotique domestique et professionnelle.

[MeasSpec, www] http://www.meas-spec.com, Site commercial Measurement Specialities : développement et fabrication de capteurs.

[NI, www] http://www.ni.com, Site commercial National Instruments : développement et fabrication de systèmes embarqués.

[SensorsMag, www] http://archives.sensorsmag.com/articles/1203/20/main.shtml, « New Manufacturing Methodology Substantially Reduces Smart MEMS Costs », Article internet de D.F. Guillou sur les nouvelles méthodes de fabrication de MEMS, décembre 2007.

Chapitre 4 :

[ULaval, www] http://robot.gmc.ulaval.ca, Site internet du laboratoire de robotique de l'Université de Laval.

Annexe A. Conception électronique de l'interface haptique.

Afin de communiquer avec les différents instruments embarqués dans l'interface haptique, on utilise une connectique qui dépend du protocole qu'ils requièrent.

A1. Chaîne de communication pour la détection de mouvement

Les instruments de mesure dédiés à la détection de mouvement (accéléromètre et gyroscopes) sont gérés par la carte d'acquisition NI-845x via un protocole SPI. Ce protocole utilise plusieurs lignes d'entrées/sorties dédiées :

- VCC : Tension générée par la carte et permettant d'alimenter les instruments qu'elle gère.
- GND : Référentiel
- MOSI : « Master Out Slave In » : du maître vers l'esclave. Sortie émettant un signal vers un instrument désigné. Utilisé ici pour envoyer des instructions.
- MISO : « Master In Slave Out » : de l'esclave vers le maître. Entrée permettant de recevoir un signal émis par un esclave. Ici, il s'agit de la réponse envoyée par un instrument suite à l'instruction qu'il a reçue.
- SCLK : Sortie générant un signal périodique qui définit le rythme de communication imposé l'ensemble du réseau. On parle de « signal horloge ».
- CSi : Sélecteur désignant un esclave particulier du réseau auquel un signal est destiné. C'est l'indice « i » qui permet d'identifier l'esclave.

L'accéléromètre ainsi que les trois gyroscopes sont branchés en parallèle, c'est-à-dire qu'ils partagnt certaines des entrées/sorties de la carte d'acquisition. Les entrées/sorties CSi demeurent individuelles car elles permettent d'identifier chacune un seul destinateur du réseau comme le montre la Figure A.1.

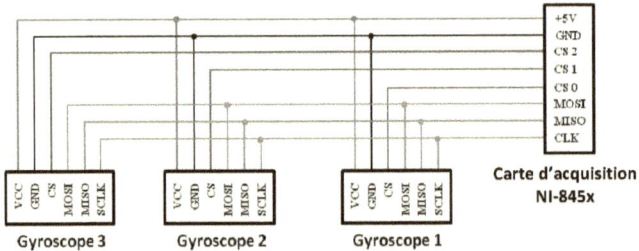

Figure A.1. Connexion des gyroscopes à la carte NI-845x en protocole SPI.

Les gyroscopes admettent la même valeur de tension d'alimentation que celle fournie par la carte d'acquisition, il est donc possible de les alimenter directement par la carte NI-845x. Pour l'accéléromètre, cette valeur est de 3,3V. Par conséquent, il est nécessaire de convertir cette tension avant de la lui envoyer. Un régulateur de tension est utilisé à ces fins. Les autres signaux (MOSI, MISO, SCLK...) doivent également être convertis. La connectique de l'accéléromètre est donc plus complexe, bien qu'il dispose des mêmes points d'entrée/sortie que les gyroscopes. Seule l'entrée/sortie GND peut être directement reliée à la carte d'acquisition, puisqu'il s'agit du référentiel. Tous les autres signaux doivent être convertis en 3,3V. Pour chacun d'eux, on réalise cette conversion à l'aide d'un buffer SN-7407 et d'une résistance de drainage. Ce buffer est alimenté par une tension de 5V et peut convertir chaque signal grâce à une entrée notée « A » et une sortie notée « Y ». La Figure A.2 montre le signal à convertir passant par une entrée « A » du buffer puis ressortant par une sortie « Y » en dérivation avec une résistance de drainage reliée à une tension égale à la tension que l'on souhaite obtenir.

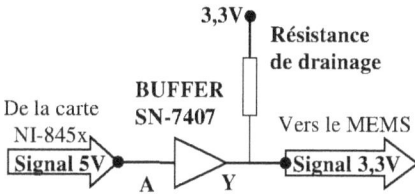

Figure A.2. Conversion des signaux de l'accéléromètre sur les lignes VCC, MOSI, CS, SCLK.

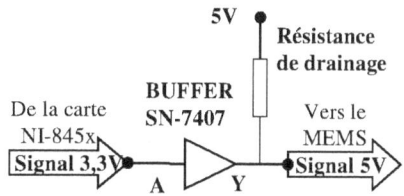

Figure A.3. Conversion des signaux de l'accéléromètre sur la ligne MISO.

Pour la ligne MISO (voir Figure A.3), ce schéma est inversé car le signal est une réponse émise par l'accéléromètre en 3,3V et doit être reçue par la carte d'acquisition en 5V. La Figure A.4 montre le schéma suivant lequel l'accéléromètre est connecté à la carte d'acquisition. A noter que cette carte alimente le buffer et fournie la tension de 5V à la résistance de drainage pour la conversion du signal MISO. La tension de 3,3V est fournie par un régulateur de tension.

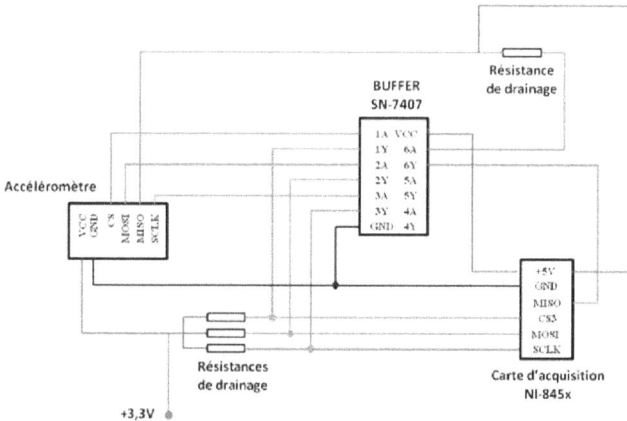

Figure A.4. Connexion de l'accéléromètre à la carte NI-845x et conversion des signaux.

A2.   Chaîne de communication pour le retour d'effort

Le capteur d'effort étant de type résistif, son fonctionnement est proche de celui d'un potentiomètre. Il suffit de l'alimenter sous la tension qui convient et de récupérer le signal qu'il génère. On utilise donc pour le connecter, l'entrée de la carte CACCI initialement prévue pour un potentiomètre. Ce capteur est alimenté par une tension de 15V et renvoie un signal qui varie de 0 à 10V suivant la force qu'il mesure. Il est pour cela équipé de quatre entrées/sorties : deux entrées pour l'alimentation et deux sorties pour le signal. Afin de fournir une tension de 15V au capteur, on utilise un convertisseur de tension dans le boîtier pour convertir une tension de 5V en une tension de 15V. Le signal renvoyé par le capteur d'effort doit être réduit en un signal de 0 à 5V à l'aide d'un pont diviseur de tension avant de remonter vers carte CACII. Le conditionnement de ce signal est imposé par les spécifications de la carte CACII.

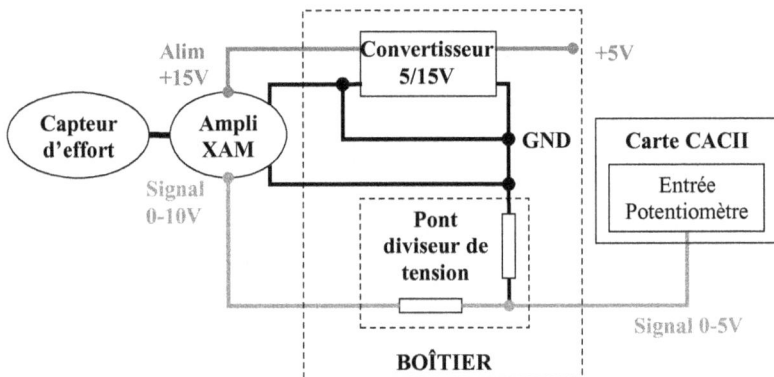

Figure A.5. Chaîne d'acquisition du capteur d'effort.

Annexe B. Détails de programmation de l'interface haptique

L'exécution du programme gérant l'interface haptique lance une boîte de dialogue. Le programme entre ensuite dans la fonction Timer qui est appelée en boucle. On utilise ensuite un bouton de commande intitulé « Démarrer » qui met l'interface haptique en fonction. Le système est alors en fonctionnement normal. Durant toutes ces étapes, il est possible d'utiliser à n'importe quel moment les différents boutons de commande pour lancer d'autres fonctionnalités.

B1. Communication avec les instruments embarqués

La première étape consiste à établir la connexion avec les deux cartes d'acquisition (NI-845x et CACII). Les opérations nécessaires à cette tâche sont programmées dans deux fonctions regroupant chacune l'ensemble des opérations nécessaires à l'activation d'une carte d'acquisition. Un click sur le bouton de commande « Démarrer » déclenche l'exécution ces deux fonctions.

B11. Communication avec la carte NI-845x

La fonction activant la carte NI-845x appelle trois fonctions de la bibliothèque ni845x :

- Ni845xFindDevice : qui permet de détecter les cartes d'acquisition de type ni845x connectée au poste informatique. Elle retourne une variable entière qui désigne le nombre de cartes détectées.
- Ni854xOpen : qui active une des cartes détectées. La carte désignée peut alors recevoir des fonctions de lecture, d'écriture, de configuration…
- Ni845xSpiConfigurationOpen : qui crée une configuration pour une carte activée au préalable.

Une fois ces trois fonctions exécutées avec succès, la carte NI-845x peut recevoir les instructions nécessaires à la lecture des instruments de mesure.

La lecture des valeurs renvoyées par les instruments de mesure se fait en boucle dans la fonction Timer afin de connaître la situation de l'interface haptique de façon périodique. On rappelle que la carte d'acquisition assure la communication avec deux types de MEMS : un accéléromètre et trois gyroscopes. Chacun d'eux dispose de commandes bien définies. Ces commandes ainsi que les méthodes de conversion sont répertoriées dans le manuel d'utilisation de l'instrument. Le MEMS répond alors en fonction de l'instruction qu'il a reçue. Avant de les envoyer, il faut au préalable configurer leur envoi à l'aide de fonctions de la bibliothèque ni845x. Les fonctions :

1- « ni845xSpiConfigurationSetChipSelect »,
2- « ni845xSpiConfigurationSetClockRate »,
3- « ni845xSpiConfigurationSetClockPolarity »,
4- « ni845xSpiConfigurationSetClockPhase ».

… permettant ainsi de configurer respectivement :

1- La destination de l'instruction : avec quel esclave on souhaite communiquer,
2- La fréquence de l'horloge : la fréquence d'envoi des signaux échangés entre le maître et l'esclave,

3- La polarité de l'horloge : position dans le temps du niveau haut ou bas du signal,

4- La phase de l'horloge : sur quel type de front (montant ou descendant) du signal horloge les signaux MOSI et MISO sont centrés.

Une fois la ligne de communication paramétrée, on peut envoyer l'instruction désirée à l'instrument destinataire. Pour cela, on appelle la fonction « ni845xSpiWriteRead » de la bibliothèque ni845x. Cette fonction est programmée pour écrire une consigne construite au préalable sur un port SPI désigné de la carte d'acquisition. Elle est alors envoyée au destinataire (un des MEMS dans notre cas). La réponse envoyée par l'instrument destinataire est alors écrite sur le même port ; il suffit de la détecter et de la prélever.

B12. Communication avec la carte CACII

La gestion et le contrôle des éléments participant au retour d'effort se font en protocole UART. Il s'agit de contrôler le motoréducteur et d'acquérir le signal du capteur d'effort via la carte CACII. Au niveau de la programmation, on communique avec la carte d'axe en lui envoyant des instructions. Par la suite, cette carte communique avec les équipements qu'elle gère suivant la façon dont est programmé le microcontrôleur qu'elle abrite. Trois fonctions ont été codées à cet effet :

- OnEtablirComm() : connecte le système à la carte d'axe CACII. Elle est alors disponible pour la lecture et pour l'écriture.
- EnvoiCommandeCarte(Cmd) : envoie la séquence contenu dans la variable « Cmd » que le microcontrôleur est programmé pour reconnaître comme une instruction.
- AttenteReponse() : détecte et interprète une réponse de la carte CACII.

La fonction « OnEtablirComm » définit les paramètres du port COM auquel est connectée la carte CACII. Ces paramètres doivent être minutieusement réglés à l'intérieur de la fonction même pour que la connexion puisse être établie.

Les fonctions « EnvoiCommandeCarte » et « AttenteReponse » sont utilisées pour communiquer avec les éléments connectés à la carte CACII de façon périodique. La consigne à envoyer en argument de la fonction « EnvoiCommandeCarte » peut être directement codée en dur ou alors construite et affectée dans une variable. Cette séquence est alors écrite sur un port COM et l'élément destinataire envoie une réponse, sous forme de chaîne de caractères, sur le même port. Pour détecter et extraire cette réponse, on appelle la fonction « AttenteReponse » juste après.

Afin de lire le signal renvoyé par le capteur d'effort par exemple, il faut envoyer à la carte une instruction de lecture de sa sortie potentiomètre. La séquence qui déclenche cette lecture est : « AFF 4 0 1 ». Celle-ci ne change jamais et peut donc être codée en dur. La carte d'axe renvoie alors la valeur de la tension qu'elle a reçue de la part du capteur. Il s'agit ensuite d'interpréter cette réponse qui contient la valeur que l'on recherche. Il faut isoler et extraire cette valeur.

Pour contrôler le motoréducteur, on applique le même principe. On envoie une consigne de mouvement à tension constante ou en boucle ouverte. La séquence envoyée peut varier suivant la vitesse désirée de l'actionneur ou la position à atteindre. Elle n'est donc pas codée en dur mais construite et affectée à une variable. La réponse à ce type de fonction est la valeur de la position moteur.

B2.   Implémentation de la stratégie de contrôle

La plus grande partie du programme est codée dans la fonction Timer qui est appelée périodiquement. Elle contient l'essentiel de la stratégie de contrôle du système mais d'autres instructions importantes sont également contenues dans des fonctions appelées de façon ponctuelle ; par des boutons de commande par exemple.

B21.   Estimation de l'attitude

Pour évaluer l'attitude de l'interface haptique, on utilise les mesures faites par trois gyroscopes et un accéléromètre. Ces mesures sont traitées afin d'obtenir trois angles d'orientation : roulis, tangage et lacet. Un filtre de Kalman adaptatif est utilisé pour obtenir une meilleure estimation de ces angles. Les calculs permettant au système d'évaluer l'attitude de l'interface haptique sont réalisés de façon périodique et sont donc programmés dans la fonction Timer. Ces calculs sont divisés en plusieurs étapes.

Les différentes données sont d'abord acquises par les instruments de mesure (voir paragraphe B1). On note que les angles calculés à partir des gyroscopes sont des variables globales initialisées au début de l'exécution du programme puis incrémentées de la valeur de l'angle parcouru durant la période d'échantillonnage. Cet angle parcouru est obtenu en multipliant la vitesse angulaire mesurée par la période d'échantillonnage.

Une fois ces variables obtenues, il est nécessaire de compenser un éventuel offset sur les mesures. Pour ce faire, on enregistre la toute première mesure de chaque source (accéléromètre et gyroscopes) puis on la soustrait aux mesures suivantes. Cette première série de mesures est effectuée à l'issue de l'activation des cartes d'acquisition. Cette procédure permet de compenser une éventuelle inclinaison du support sur lequel repose l'interface haptique ; une inclinaison qui induirait en erreur l'accéléromètre. Seules les composantes Γ_X, Γ_Y sont concernées par cette procédure.

Afin de calculer la covariance sur l'erreur de la mesure, on détermine l'écart type des angles calculés à partir de l'accéléromètre sur les dix dernières acquisitions. Le programme est codé de façon à enregistrer ces angles au fur et à mesure. La moyenne de cette série de valeurs puis son écart type sont ensuite calculés. Ces calculs sont réalisés pour les angles du roulis et du tangage.

La dérive liée aux calculs d'intégrations sur les angles issus des gyroscopes peut être corrigée. A l'aide d'instructions conditionnelles, on réalise une mise à jour des angles donnés par les gyroscopes sur les angles donnés par l'accéléromètre. Cette mise à jour est faite lorsque la covariance sur le bruit sur la mesure de l'accéléromètre est faible ; on sait alors que sa mesure est fiable. Il est important de faire cette mise à jour sur les angles de cardan mais aussi et surtout sur les angles de rotations propres. En mettant à jour les angles de cardan uniquement, les angles propres conservent leur valeur dérivée et engendrent à la boucle suivante des angles de cardan avec les mêmes erreurs ; il s'agit de corriger l'erreur à la source. Le seuil en dessous duquel la covariance sur l'accéléromètre correspond à une mesure fiable est un paramètre à régler.

B22.   Retour d'effort

La gestion et le retour de l'effort sont assurés par un capteur d'effort et par un motoréducteur. La stratégie de contrôle consiste à actionner ce moteur en fonction de l'effort mesuré par le capteur. L'effort normal est mesuré en permanence. Le mode « retour d'effort » (actionnement du motoréducteur) doit être activé ou désactivé via une commande de la boîte de dialogue.

Pour obtenir l'effort normal envoyé par le capteur d'effort, on utilise la fonction « EnvoiCommandeCarte » avec l'argument adéquat suivi de la fonction « AttenteReponse ». La dernière fonction stocke la réponse de la carte CACII dans une variable globale. A la demande de lecture de l'entrée potentiomètre de la carte CACII, la réponse est du type :

« (1) XXX\r\nQ1> ».

« XXX » est la valeur à isoler et « \r\n » correspond à un retour à la ligne. Il faut ensuite l'isoler dans cette valeur. Pour ce faire, on localise la position les caractères précédant et suivant cette valeur grâce à des fonctions de détection de caractères, puis on l'extrait avant de la convertir en valeur numérique. Des fonctions du même type sont également utilisées pour détecter d'éventuels messages d'erreur dans la réponse de la carte CACII et lancer une instruction de réinitialisation en conséquence.

En fonction de la force appliquée par l'opérateur via la sonde haptique, le motoréducteur est actionné dans un sens ou dans l'autre. L'instruction à envoyer à la carte CACII est donc construite en fonction de cette lecture via des fonctions de manipulation de chaînes de caractères. Cette instruction est du type :

« MOUV XXX YYY ».

« XXX » est la tension à fournir à l'actionneur, elle correspond à sa vitesse et « YYY » est la durée de fonctionnement. Le signe (négatif ou positif) de la tension indique le sens de rotation du moteur. Suivant la valeur de l'effort normal, il suffit donc de multiplier la tension par 1 ou par -1 puis la convertir en chaîne de caractères à intégrer au reste de l'instruction. La chaîne de caractères ainsi formée est codée en argument de la fonction « EnvoiCommandeCarte ».

Annexe C. Résolution du MGI de l'architecture parallèle sphérique

Le MGI d'un bras de l'architecture parallèle sphérique est donné par la formule (4.13).

$$\vec{Z}_{K2} \cdot \vec{Z}_{K3} = \cos(\beta)$$

Le remplacement des vecteurs $\mathbf{Z_{K2}}$ et $\mathbf{Z_{K3}}$ par leurs expressions respectives donne une équation dont l'inconnue est le paramètre articulaire θ_{K1}.

$$L_K \cos\theta_{K1} + M_K \sin\theta_{K1} - N_K = 0 \qquad (C.1)$$

Deux méthodes différentes peuvent être utilisées pour déterminer θ_{K1}.

C1.   Méthode polynomiale

La première consiste à utiliser la formule de la tangente du demi-angle.

$$\sin x = \frac{2*\tan(x/2)}{1+\tan(x/2)^2} \text{ et } \cos x = \frac{1-\tan(x/2)^2}{1+\tan(x/2)^2} \qquad (C.2)$$

Pour chaque bras, l'équation devient alors :

$$(N_K - L_K) * \tan(x/2)^2 + 2 * M_K * \tan(x/2) + N_K + L_K = 0 \qquad (C.3)$$

En remplaçant $\tan(x/2)$ par une variable T, on obtient une équation du second degré.

$$A_K * T^2 + B_K * T + C_K = 0 \qquad (C.4)$$

Avec $A_K = N_K - L_K$, $B_K = 2 * M_K$ et $C_K = (N_K + L_K)$

L'existence d'une solution pour le MGI peut être alors déterminée en étudiant le signe du discriminant Δ_K :

$$\Delta_K = B_K{}^2 - 4 * A_K * C_K \qquad (C.5)$$

Trois cas de figure se présentent. Si Δ_K est négatif, l'équation et donc le MGI n'ont pas de solution. Ce qui implique que le bras considéré est incapable d'amener l'effecteur de la structure à l'orientation demandée. Si Δ_K est nul, l'orientation est atteignable par le bras mais celle-ci se situe en frontière de son espace de travail. Si Δ_K est strictement positif, l'orientation est toujours atteignable mais de deux façons différentes. En effet, l'équation du second degré a deux solutions conjuguées dans ce cas. Concrètement, il existe alors deux valeurs du paramètre articulaire θ_{K1} pour lesquelles l'orientation de l'effecteur est atteignable. Ces solutions de l'équation du second degré se calculent avec les formules suivantes :

$$T_{K_1} = \frac{-B_K - \sqrt{\Delta_K}}{2*A_K} \text{ et } T_{K_2} = \frac{-B_K + \sqrt{\Delta_K}}{2*A_K} \qquad (C.6)$$

Pour déterminer les deux valeurs du paramètre articulaire, il suffit d'utiliser la particularité de la fonction atan2. Puisque l'on a la valeur du sinus et du cosinus de cet angle comme le montrent les équations (C.1) et (C.2), il est possible de déterminer la valeur de cet angle sans ambiguïté avec la formule :

$$\theta_{K1_j} = \text{atan2}\left(\frac{T_{K_j}{}^2}{1+T_{K_j}{}^2}, \frac{1-T_{K_j}{}^2}{1+T_{K_j}{}^2}\right) \text{ avec } j = 1 \text{ ou } 2 \qquad (C.7)$$

Attention à ne pas confondre l'indice j avec l'indice i qui désigne la position du paramètre articulaire sur le bras K. Ici, l'indice j désigne l'une ou l'autre des solutions de l'équation du second degré. Pour chaque bras, on peut compter deux solutions différentes. Ce résultat peut être interprété comme un choix à faire au niveau de la configuration du bras concerné : coude plié vers la gauche ou vers la droite.

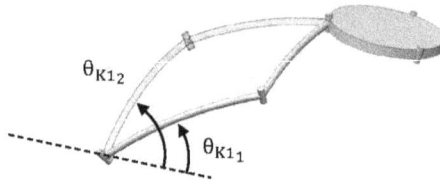

Figure C.1. Deux configurations possibles pour une seule position de l'effecteur.

C2. Méthode trigonométrique

Une seconde méthode, plus simple, permet de déterminer la valeur du paramètre articulaire recherché. Il suffit d'utiliser les formules de transformation de coordonnées cartésiennes en coordonnées polaires.

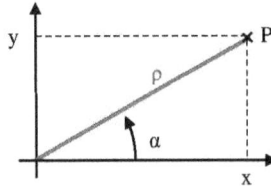

Figure C.2. Coordonnées polaires.

D'après la figure ci-dessus, on peut facilement établir les équations suivantes :

$$\cos \alpha = \left(\frac{x}{\rho}\right), \sin \alpha = \left(\frac{y}{\rho}\right) \text{ et } \alpha = \text{atan2}(y, x) \tag{C.8}$$

Avec $\rho = \sqrt{x^2 + y^2}$. Pour résoudre l'équation (4.23), on factorise par $\sqrt{L_K^2 + M_K^2}$.

$$\sqrt{L_K^2 + M_K^2} * \left(\frac{L_K}{\sqrt{L_K^2 + M_K^2}} * \cos \theta_{K1} + \frac{M_K}{\sqrt{L_K^2 + M_K^2}} * \sin \theta_{K1} - \frac{N_K}{\sqrt{L_K^2 + M_K^2}} \right) = 0 \tag{C.9}$$

Il suffit ensuite de remplacer les « coordonnées cartésiennes » en « coordonnées polaires » à l'aide des formules (C.8). On obtient alors :

$$\cos \alpha * \cos \theta_{K1} + \sin \alpha * \sin \theta_{K1} = \frac{N_K}{\sqrt{L_K^2 + M_K^2}}$$

Une formule de simplification trigonométrique permet de trouver :

$$\cos(\theta_{K1} - \alpha) = \frac{N_K}{\sqrt{L_K^2 + M_K^2}}$$

$$\theta_{K1} = \cos^{-1}\left(\frac{N_K}{\sqrt{L_K^2 + M_K^2}} \right) + \alpha \tag{C.10}$$

Avec $\alpha = \text{atan2}(M_K, L_K)$ et $-1 \leq \dfrac{N_K}{\sqrt{L_K^2 + M_K^2}} \leq 1$. $\hspace{2cm}$ (C.11)

Cette méthode a pour avantage de déterminer le paramètre articulaire d'un bras sans ambiguïté. A noter que la condition est nécessaire pour que le MGI ait une solution.